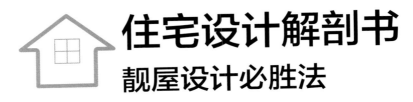

住宅设计解剖书

靓屋设计必胜法

（日）X–Knowledge　编

凤凰空间　译

江苏凤凰科学技术出版社

3 Renovation

在设计整修方面 应该先了解的事

4 Lowcost

透过物美价廉的设计来兴建住宅

The Rule of the Housing Design

剖析舒适住宅的
室内装潢

2楼所采用的设计方案是连接阁楼的一室格局。借由省略天花板收边条，并将窗框涂成白色，就能打造出线条很少的整洁空间。

这栋小住宅坐落于神奈川县大矶町。我们采用了与一般设计相反的方案，把LDK（注：同时当作客厅、餐厅、厨房的空间）设置在采光佳、视野棒的二楼。在空间方面，虽然LDK大致上是相连的一室格局，不过我们会借由在各处设置榻榻米空间、窗边的桌子、办公空间（工作室）等生活空间，来使此空间变得多样化，而且这种设计同时也能让LDK具备多功能。如此一来，家人自然就会聚集在此场所。

各个空间都具备符合假设用途的收纳机能。借由这种设计，各个空间用起来就会很方便，不易变得凌乱不堪，而且这种能把东西收纳整齐的室内装潢也很容易维持原状。如P10的解说那样，厨房周围的细部也有经过特别设计。

在这个由落叶松地板与月桃纸壁纸所构成的空间中，我们在收纳柜的门等关键部分，巧妙地结合了压花玻璃、带有和风的纸布、涂成白色的椴木胶合板、软木板等素材。通过这一点，就能有效避免所谓的「木造住宅」常陷入的单调状态。另外，借由省略地板收边条、天花板收边条来减少空间中的线条，就能给人轻松愉快的感觉。

与收纳功能的住宅

具备多样化生活空间

1

实例

7

小型生活空间的设计

妥善地配置厨房旁边的办公空间
与餐厅旁边的嵌入式餐桌等机能性小空间
借由强化屋顶隔热性能，就能让阁楼终年都发挥作用。

1楼平面图（S=1：200）

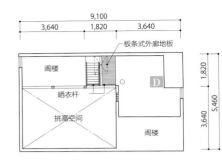

板条式外廊地板

阁楼
晒衣杆
挑高空间
阁楼
D

9,100
3,640 | 1,820 | 3,640
1,820 | 3,640 | 5,460

配置图（S=1：200）

N

9,100
3,640 | 1,820 | 3,640

紫竹
悟箱口
玄关
花柚
走廊
管线区
步入式衣橱
和室
儿童房
盥洗室
露台
浴室
四照花
小叶栎

1,820 | 1,820 | 1,820 | 5,460

2楼平面图（S=1：200）

9,100
3,640 | 1,820 | 3,640

F
TV
LDK
A
B
C
E
1,820 | 3,640 | 5,460

柜台下方的板条式地板

剖面图（S=1：60）

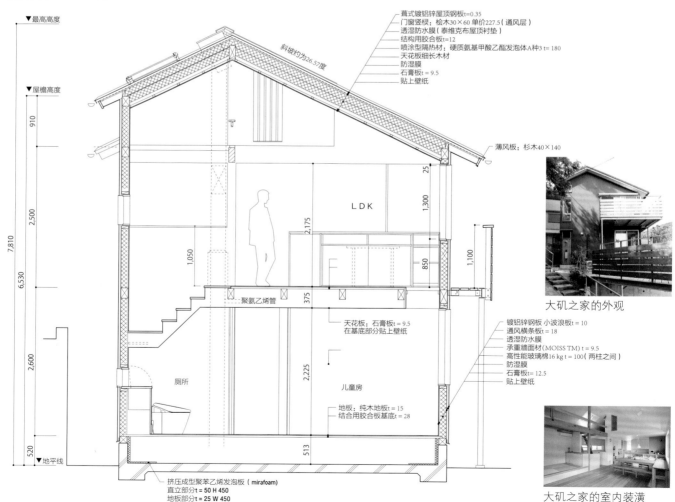

▼最高高度

▼屋檐高度

斜坡约为26.57度

葺式镀铝锌屋顶钢板t=0.35
门窗竖梃：桧木30×60 单价227.5（通风层）
透湿防水膜：泰维克布屋顶衬垫
结构用胶合板t=12
喷涂型隔热材：硬质氨基甲酸乙酯发泡体A种3 t=180
天花板细长木材
防湿膜
石膏板t=9.5
贴上壁纸

薄风板：杉木40×140

910
2,500
1,300
LDK
25
2,175
1,050
850
1,100
7,810
6,530
聚氨乙烯管
375
2,225
厕所
儿童房
2,600

天花板：石膏板t=9.5
在基底部分贴上壁纸

镀铝锌钢板 小波浪板t=10
通风横条板t=18
透湿防水膜
承重墙面材（MOISS TM）t=9.5
高性能玻璃棉16 kg t=100（两柱之间）
防湿膜
石膏板t=12.5
贴上壁纸

地板：纯木地板t=15
结合用胶合板基底t=28

513
520
▼地平线

挤压成型聚苯乙烯发泡板（mirafoam）
直立部分=50 H 450
地板部分t=25 W 450

大矶之家的外观

大矶之家的室内装潢

A 能够照顾孩童的办公空间

此空间可供居民在家办公。借由将此空间设置在厨房旁边，就能有效率地做家事。

B 厨房旁边的电话柜是情报终端

可以把孩童的联络网与学校活动等资料、共用的文具与药品、相簿、食谱等物收纳在吊柜中。

C 也能成为孩子做功课的场所

与电视柜收纳空间相连的部分窗前空间不要设置柜门，这样就能当成书桌来使用。

D 宽敞明亮的阁楼

借由增强屋顶隔热性能来让阁楼终年都能使用。一部分地板采用了板条式地板，所以光线会照进下方，空气也会流动。

E 餐厅背后的办公空间

餐厅背后的窗前景色很好，在此设置长书桌后，当孩子无法使用餐桌时，该书桌也能用于做功课等用途。

F 舒适自在的榻榻米空间

榻榻米空间下方的收纳空间很深，收纳性能相当好。

厨房周围的设计

开放式厨房的重点在于，餐厅这边的吧台与其下方的收纳空间，以及背面收纳空间与料理工作台的搭配方式。把炉子前方墙壁的背面设计成软木板，就能一边提升功能性，一边点缀室内装潢。

省略了流理台隔板的开放式厨房

借由省略流理台隔板（用于防止水花飞溅、隐藏手部动作的隔板），就能让吧台下降约 20 cm，并给人一种清爽的印象。

以料理工作台为优先的背面收纳空间

为了方便进行揉捏食材等工作，所以背面收纳空间的高度设计得较低，仅有 730mm。在这种高度下，孩子也能轻易地帮忙做菜。使用水玻璃类的涂料来保护地板。这种自然的效果既具有保护作用，又不会使地板变成湿润有光泽的颜色。

榻榻米下方的收纳空间拥有出色的收纳效果

即使只有三张榻榻米大，收纳量还是多得惊人。设计时的重点在于，要让抽屉能够确实抽出。

没有摆电视的电视柜

借由让日式客厅配合电视柜台面的高度，就能给人一种清爽的印象。透过改变门扇的材料，并把电视安装在墙壁上，就能让风格变得更加雅致。

嵌入式收纳空间的设计

嵌入式收纳空间不会使住宅的使用方式变得固定而且还能节省空间。配置收纳空间时，重点在于「空间的空隙」。

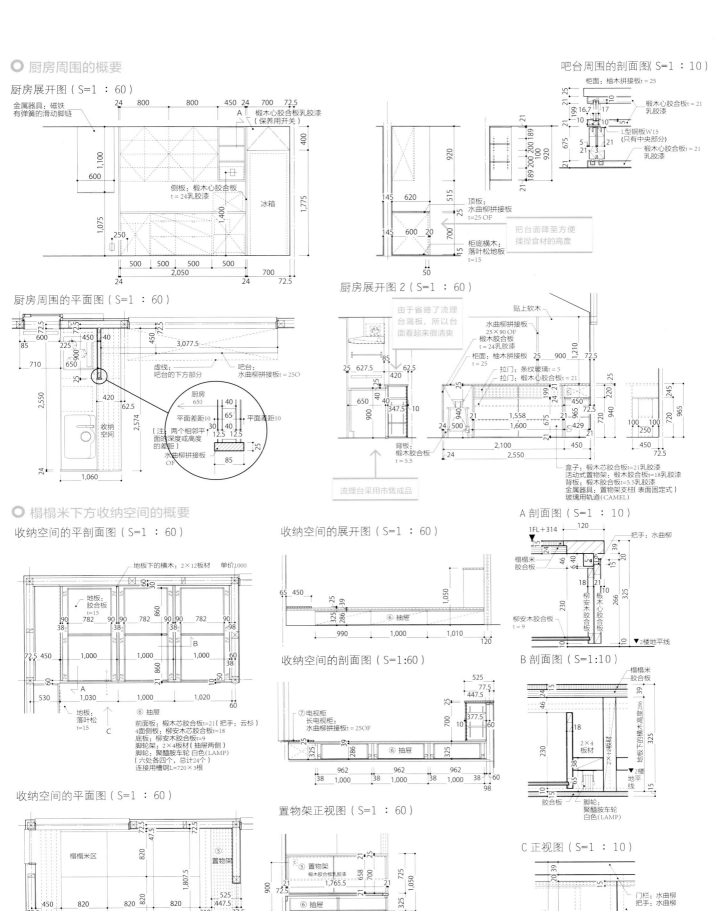

○ 厨房周围的概要

厨房展开图（S=1：60）

吧台周围的剖面图（S=1：10）

厨房周围的平面图（S=1：60）

厨房展开图2（S=1：60）

○ 榻榻米下方收纳空间的概要

收纳空间的平剖面图（S=1：60）

收纳空间的展开图（S=1：60）

A 剖面图（S=1：10）

收纳空间的剖面图（S=1:60）

B 剖面图（S=1：10）

收纳空间的平面图（S=1：60）

置物架正视图（S=1：60）

C 正视图（S=1：10）

小巧紧凑的楼梯设计

有些小房子仅有约 **30 坪**（1 坪 = 3.3 平方米）
的空间，所以楼梯要采用小巧紧凑的设计。
阁楼的梯子与扶手都设计得既简约又实用。

**只需很薄的骨架
补强板就够了**

借由把两片 18mm 厚
的木芯胶合板叠起
来当成骨架补强板，
就能把楼梯的墙壁
设计得很薄。

通往上方阁楼的梯子

通往上方阁楼的梯子使用的是水曲柳拼接板。踏板的深度
210mm，厚度 30mm。踏板深度比楼梯窄 30mm。

楼梯间平面图（S=1：60）

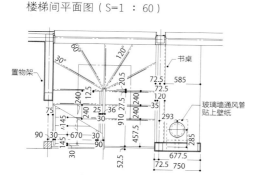

楼梯间 1 楼平面图（S=1：60）

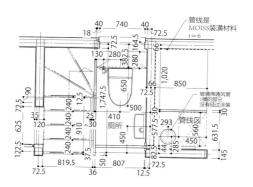

楼梯间剖面图（S=1：60）

扶手周围的详细面图（S=1：20）

扶手详细面图（S=1：

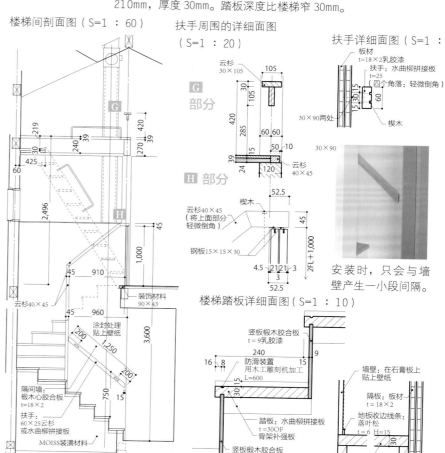

G 部分

H 部分

安装时，只会与墙
壁产生一小段间隔。

楼梯踏板详细面图（S=1：10）

贴上纸布的窗户

把以纸纱编织而成的纸布固定在木框上，就能取代窗帘和纱窗。纸布能够有效遮蔽来自外部的视线。

贴上纯木板的大门

透过板材缝隙工法，在现成的大门上贴上 15mm 厚的上小节等级桧木板。在外侧贴上「舒适阳台木地板「商品名」（杉木板）。

⬤ 室内装潢的调味秘方

在「木造住宅」这种简单的空间中，
借由在关键部分使用很有质感的素材，
就能为室内装潢增添趣味。

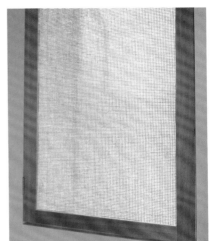

**贴上纸布的
窗户**

把以纸纱编织而
成的纸布固定在
木框上，就能取
代窗帘和纱窗。
纸布能够有效遮
蔽来自外部的视
线。

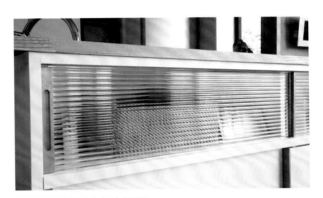

用压花玻璃制成的柜门

餐厅这边的吧台下方的柜门采用的是进口的压花玻璃「条纹玻璃」。 也具备适当的遮蔽效果。

开口与墙面对齐的陈设架

在 1 楼的陈设架中，棚板的切面设置在距离墙面约 2mm 的内侧位置。比起那种着重于棚板的一般施工方式，这种设计看起来比较清爽。

拥有榻榻米客厅的现代日式住宅

这栋小住宅坐落于新兴住宅区。采用了常见的设计方案，一楼为 LDK 与用水处，二楼则包含了单人房与共用空间。与餐厅相连的客厅的地板较高，并铺上了榻榻米，而且还把上方设计成挑高空间（天花板高度 4 460mm）。客厅内没有放沙发组，而是摆了矮桌与和室椅。

另外，朝向庭院的大开口部位采用吉村式格子拉门，能与窗框一起收进墙壁内。在这种构造下，借由把开口部位打开，就能让室内与室外融为一体，空间的悠然气氛也会变得更加出色。

矮桌采用的是「floor·ist 大桌＋小桌」（小泉日用品店），和室椅采用的是「aguza」（boo-hoo-woo）。只要降低椅子的高度，视线就会降低，所以开放感会提升。

在空间方面，LDK 是相连的。
正面是餐厅，右边是厨房。
用水处被整合在正面深处的
白色墙壁背后。

宽度约 3.636m 的开口部位采
用的是吉村式格子拉门。餐
厅与客厅的地板高度差距为
200mm。

可灵活应用的榻榻米客厅的要点

虽然榻榻米客厅本身不大，仅有六张榻榻米大，
但到处可以见到让人觉得舒适自在的设计，
房间高度、可以整面打开的大窗户、与其他房间自然相连的构造等。

改变地板高度与天花板高度

虽然在空间上是相连的，不过只要借由变更地板或天花板的高度，就能自然地呈现出空间特性。餐厅这边的天花板高度为 2100 mm。

景观窗与露台

设置在挑高空间的景观窗、与庭院相连的露台等设计能够突显开放感。可以避免房间变得凌乱不堪的收纳设计也是重点。

在收纳设计上多下一道工夫

只要多下一道工夫，像是使用加工过的硬木来制作柜门把手，就能把室内装潢衬托得更美。

窗框、格子拉门能够收进墙壁内

窗框、格子拉门能够完全收进墙壁内。宽敞感有很大差异。

○ 榻榻米客厅的概要

1 楼平面图（S=1：150）

2 楼平面图（S=1：150）

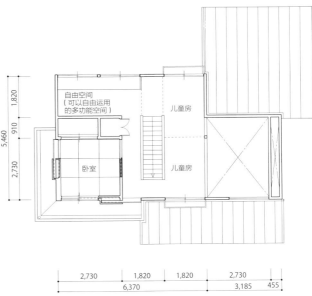

榻榻米周围展开图（S=1：60）

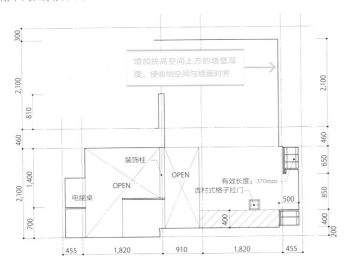

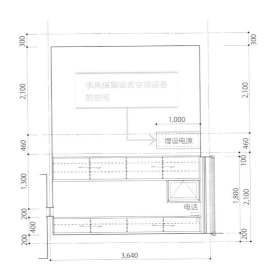

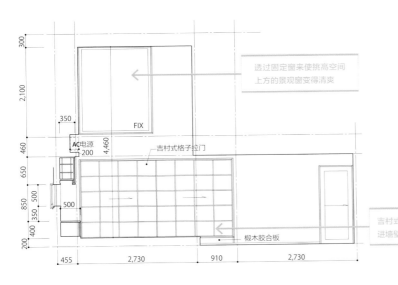

虽然榻榻米客厅是个小型空间，不过我们只要借由「垂直方向的尺寸变化、三个不同的水平方向的开放视野」，就能获得超越建筑面积的舒适感。

厨房周围的小工作台

厨房周围的空间除了能用来做菜以外，
也能用于处理杂务、陪孩子念书等各种用途。
适用于工作内容的小空间能让生活变得很有效率。

A 用来做家事的桌子

这是设置在盥洗室与步入式衣橱之间的家事桌。

家事桌的小窗

即使位于家事桌旁，也能透过小窗来观察厨房
与餐厅的情况。

B 厨房旁边的电脑桌

厨房附近有个嵌入式的小型电脑桌。做菜时，可以很方便地
收发邮件或查阅资料。

DK 的配置设计

电脑桌设置在厨房与餐厅之间。电脑桌前方墙壁的另一侧是
家事桌。

具备和风空间的玄关

从四周围绕着草木的通道走进玄关（右）。由长凳与扶手等设计所构成的和风空间会让人联想到经过露砾修饰处理的泥土地与壁龛旁边的架子。（中、左）

⊙ 外观雅致的玄关

从通遍经过土间※，慢慢地踏上地板，走到大厅、榻榻米客厅。
玄关空间本身整合得小而雅致。

○ 玄关周围的概要

玄关周围的展开图（S=1 ：60）

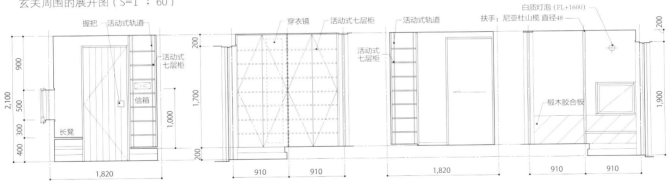

○ 家具、电脑桌周围的概要

家具、电脑桌周围的展开图（S=1 ：60）

※ 土间指的是日本建筑构成家屋内部一部分的一种室内设计，在现在的日本民宅建筑中，土间成为玄关之下的附设空间。

透过椴木胶合板来整合充满功能性的空间

许多起居室与共用空间都使用了具备出色耐久度的椴木胶合板来当作高度 750mm 的腰壁板，并能为室内装潢增添变化。由于能够省略装饰建材与地板收边条，所以外观会变得很清爽。靠墙摆放床铺时，椴木胶合板制成的腰壁板也能够防止棉被等物品遭受磨损。

共用的书桌空间

共用的书桌空间。背后的墙壁上方部分贴上了 TOLI 公司生产的硅藻土壁纸「earth wall」。

楼梯旁的共用空间

这是介于楼梯与挑高空间的扶手墙之间的共用空间。此空间的周围是高度 750mm 的椴木胶合板墙壁。

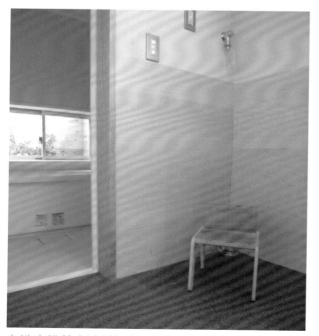

在洗衣机前方稍微提高腰壁板的高度

在这个放置洗衣机的角落内，在清洁等问题的考量下，我们提高了腰壁板的高度。

厕所的墙壁收纳空间也采用椴木胶合板

厕所的腰壁板与柜门都采用椴木胶合板。可以轻松地安装卷筒卫生纸架等附加设备。

在细部多下一道工夫，以提升品位

使用椴木胶合板时，只要多下一道工夫，就能提升品位。
借由在柜台或扶手墙的上方、收纳柜的把手等处使用硬木，
就能一边提升功能性，一边营造出高级感。

腰壁板外侧转角的结构工法

只要在外侧转角
紧紧塞入硬木制
的装饰材，就能
提升耐久度，并
同时提升品位。
另外，这样做也
是为了遮住椴木
胶合板的切面。
右边的照片是放
大后的照片。

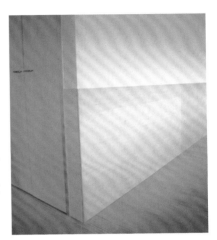

收纳柜的把手也使用硬木

使用硬木来制作扶把与收纳柜的把手，耐久度也会提升。

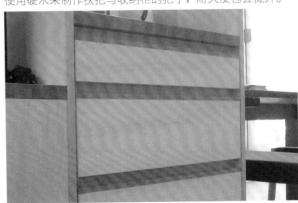

使用硬木来制作扶手壁的上方部分

使用南洋的尼亚杜山榄来制作楼梯扶手壁的上方部分。考虑到用手撑在扶手上时的触感，所以我们会把该部分设计得较圆滑。

在木材地板方面也要多下一道工夫

在日本冷杉地板的表面使用浮造加工法（摩擦板材的柔软部分，使木纹显现）。木地板的风貌会变得平均适中，而且也能产生防滑效果。

3

实例

字母沙发宛如日式榻榻米客厅那样，可以自在地坐着休息。

TIMBERYARD gallery 是坐落于千叶县湾岸区的样板房。这座样板房的经营者是室内装潢用品店 TIMBERYARD。只有家具专家才能创造出这种独特空间，在此空间内，建筑物与家具会融为一体。

在一般的建筑计提案中，会先决定建筑物的格局，再配置家具。不过，在此住宅中，则是先决定主要的家具与照明设备，再订立建筑提案，然后一边把「活用那些家具」这一点当成业主提出的条件，一边进行设计。

在调整空间大小时，重点在于长宽比例。依照该公司规定，在总建筑面积 40 坪以下的标准尺寸住宅中，基本上，天花板高

透过家具来设计的
简约丰盈住宅

眼前的桌子为散文桌（Essay Table），椅子为七号椅（Seven Chair）里面的沙发为字母沙发（Alphabet Sofa）。里面的椅子为 PK 椅（皆为「弗里茨·汉森 Fritz Hansen」的商品）。沙发前方的茶几是 frame 石头茶几（n'frame SIDE TABLE STONE，北方住宅设计社）。在照明设备方面，吊灯为 PH4/3，前方的台灯为 PH3/2，里面的吊灯为 PH 雪球吊灯，里面的台灯为 AJ 台灯（皆为「路易·波尔森 Louis Poulsen」的商品）。

度为 2400mm，落地窗的窗框高度为 2000mm。如同此实例，当住宅的总建筑面积超过 50 坪时，天花板高度大多为 2500mm，落地窗的窗框高度则为 2300mm。依照建筑面积来设定天花板高也是彰显家具美感的重点之一。

另一项重点为墙壁的配置。我们认为「设置大片墙壁」这一点与景观、通风一样重要。正因有担任背景的墙壁，所以才能彰显家具的设计与椅套布料的质感。

用于地板装潢的建材也很重要。在此住宅中，我们在粉刷专用的天然素材壁纸（Runafaser）上使用了名为「凯利摩尔（KELLY-MOORE）」的丙烯酸乳胶漆（AEP）。这种涂料具有膜厚感的消光效果正是其特征。木材地板采用的是宽度 190mm 的白橡木三层式地板。表面涂上了薄薄的白色涂料，与木质类家具很搭。

关于照明规划与色彩规划，希望大家能参阅 P28。

设计施工：TIMBERYARD
摄影：渡边慎一

1 楼 LDK 平面图（S=1：60）

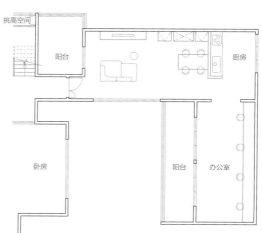

2 楼 LDK 平面图（S=1：60）

⭕ 制作用来当作背景的墙壁

为了呈现出家具、照明设备、绘画等装饰品的美感，所以用来当作背景的墙壁是必要的。只要借由「在窗户的配置方面下功夫，并偶尔活用天窗」来设置大墙壁，家具的风貌就会一口气改变。

如果采用天窗的话，就能设置很大片的墙壁

在住宅密集地区等处，即使设置窗户，也不易获得采光与通风的效果。在这种情况下，只要采取以天窗为主的设计，就能获得用来当作背景的墙壁。

3 片式窗框的设计很美

大多使用 3 片式窗框。长宽的比例看起来很清爽。让窗框融入骨架。另外，当天花板高度较低时，大多不会装设窗帘盒。

◯ 使门窗隔扇的高度一致

当天花板高度为 2400mm 时，窗框的高度为 2000mm。在较大的住宅中，当天花板高度为 2500mm 时，窗框的高度要设为 2300mm。室内的门窗隔扇要配合窗框，或是紧邻天花板。

不要让窗户受到垂壁影响

把高侧窗设置在紧邻天花板处，不要制作像垂壁那种不完整的墙。

把室内的门窗隔扇等设备设置在紧邻天花板处

虽然此门看起来像钢制，但其实是经过涂装的拼接板。当天花板的高度在 2500mm 以下时，室内的门窗隔扇大多会紧邻天花板。当天花板超出此高度时，为了避免出现弯曲情况，我们会采取「设置格窗」等措施。

让树种与色调一致

一般来说，家具的表面板材与台面的颜色、风貌都要配合木材地板。白橡木地板微带灰色，很容易搭配。相反地，胡桃木很有个性，与不同素材搭配时，效果会有很大差异。

胡桃木制的书桌与地板

嵌入式家具与地板皆使用胡桃木。胡桃木的花纹具有强烈个性，即使是相同树种，也不易搭配，所以要多留意。

白橡木制的地板与电视柜

整体来说，白橡木与木质类家具都很搭。在此处，我们使用具有白橡木台面的散文桌来搭配白橡木制的嵌入式家具。

灵活运用三种木材地板

如果想要呈现平静气氛，就使用白橡木（右上）。如果想要打造休闲风格，就选择橡木（左上）。 如果想要呈现适度的特殊风格的话，则适合采用胡桃木（左）。

橡木地板搭配枫木餐桌

稍微带点黄色的橡木会给人一种休闲的印象。在此，我们搭配的是 n'frame 伸缩餐桌（北方住宅设计社），其枫木台面采用肥皂涂装。

不要在天花板上 装设照明设备

为了发挥室内装潢的美感，天花板最好保持朴素风格，不要装设任何设备。

若是 LD（客餐厅）的话，只要透过吊灯与落地灯，就能提供活动时所需的必要亮度。

用光源来突显角落

把客餐厅的天花板照明降至最低限度

客餐厅是用来休息的空间，所以不需要很高的照度。如果需要光源处已有设置照明设备的话，天花板只需最低限度的照明就够了。

借由用吊灯（PH 雪球吊灯）来照射角落，就能让人感受到房间的深度。从地板到光源的高度为 1400mm。

餐厅的吊灯

不仰赖天花板的照明时，餐厅上方的吊灯会成为主要照明设备之一。在此处，我们使用的是 PH3/4。桌面距离光源600mm。

透过 PH 系列来呈现一致性

PH 系列的设计感一致，而且有各种尺寸，能够很方便地整合空间的风格。

以关键项目为主轴的
色彩规划

思考色彩规划时，要以空间中的关键项目为主轴。在此实例中，指的就是黑色的室内门窗隔扇。在位于此门窗隔扇前方的客餐厅内，我们透过黑～灰色系来整合了这些项目。

黑色的细长钢骨楼梯

玄关大厅的楼梯与门窗隔扇同样都是黑色。借由让楼梯斜梁侧板的高度低到仅有185mm，就能使门窗隔扇的框架与大小变得接近，突显出一致性。

室内门窗隔扇是关键项目

从玄关大厅通往 LDK 的通道上有个大型室内门窗隔扇，我们以其色彩为线索，整合了一楼 LDK 的颜色（照片为采用相同设计的 2 楼门扇）。

也要考虑到线路铺设与台面

为了配合门窗隔扇，设置在餐厅的吊灯的电线选择使用黑色。餐桌的延长部分也是黑色。

沙发与靠垫采用灰色系

字母沙发的椅套为灰色。在靠垫方面，我们选择了黑色、灰色、暗绿色，组成了风格稳重的渐层色调。

4
—
实例

从客厅望向餐厅。用来分隔餐厅与客
厅的格状物是 PS 公司所制造的面板型
电暖器。由于形状很精细，所以不会
破坏空间的氛围。

融入自然环境中的优质现代住宅

上：一楼的餐厅。透过四片式柜门，就能把包含冰箱在内的厨房深处收纳空间全部隐藏起来。柜门的表面是涂成褐色的椴木胶合板。

下：隔着厨房可以看到室外的走廊。厨房是北海道，旭川的家具厂商所制作的，做工很精细。

　　由于屋主对家具与设计很有兴趣，所以屋主特别以黑色与褐色为基调来设计室内空间。最后，这间屋子成了一栋稳重高雅的现代住宅。

　　其特征在于，从地板、外露的结构材料到地板收边条等装潢建材都涂上了深褐色（胡桃木色）。虽然使用的木材大多都是桧木、松木、椴木胶合板等颜色明亮的建材，不过只要涂上深褐色，就能营造出雅致的风格。

　　另外，使用钢材来当作部分的室内装潢，就能给人更加鲜明的印象，尤其是贴在客厅墙面的耐候钢（corten steel）。在建筑师与室内设计师的实例中，从不久前开始，有许多人都会使用耐候钢。透过宛如艺术品般的效果，就能成为整个空间的特色。此外，用钢材制作的楼梯与扶手等虽然不起眼，但还是能够透过纤细的形状与消光黑来发挥「让空间的气氛变得较拘谨」的效果。

在设计 LDK 时，会让横向的长形空间变得宽敞

在此住宅中，为了呈现出时尚风格，我们运用了各种装潢建材。特别引人注目的是钢材的运用。我们用了许多消光黑，消光黑虽然会给人一种轻快的印象，但也能降低存在感，并成为鲜明空间中的特色。

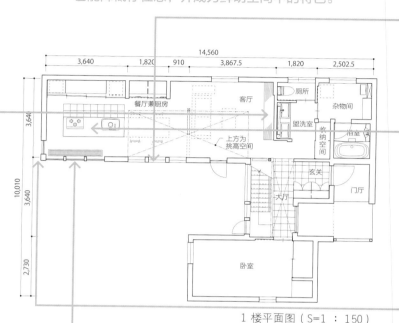

1 楼平面图（S=1 ：150）

在客厅内发挥存在感的耐候钢墙壁

为了让客厅的墙壁成为简约空间的特色，我们装设了耐候钢。直接在木造墙底上装设耐候钢。

透过护木油与粉刷来完成地板以呈现出质感

客厅、餐厅的地板采用纯山地松木，并涂上了欧斯蒙（OSMO）的胡桃木色涂料。

帷幕墙的大开口部分很清爽

在左侧的大型帷幕墙的开口部分中，我们透过了大型固定窗来支撑 105 mm 见方的柱子等物。

透过「外推上悬式窗户」与「固定窗」来提升窗户的功能

餐厅餐桌前的窗户由上方的固定窗与下方的外推上悬式窗户所组成。在结构上，虽然窗框之间的柱子能发挥作用，但上下窗框之间的横条板不会产生作用。

简约的玻璃吊灯

我们采用的是具备圆锥状玻璃伞的「FLOS FUCSIA」（YAMAGIWA）。由于吊灯装设在滑轨上，所以能够轻易变更位置。

在厨房后方采用重视便利性的地板磁砖

为了防止地板遭受污损，部分地板采用了地板磁砖（名古屋马赛克）。消光质感的磁砖不会破坏空间给人的印象。

结构材料全都涂上褐色

这是客厅、餐厅上方的挑高空间。装设在挑高空间内的横梁与周围的柱子全都涂成了深褐色。

透过设置在动线前方的窗户来打造开放的视野

在客厅、餐厅内，有许多场所都能用来打造开放的视野。在此处，我们顺利地把庭院前方灌木丛的绿意融入室内。

33

高质感磁砖地板

连接玄关的走廊采用的是，与玄关相同的高质感磁砖地板。这种名为「石板」（名古屋马赛克）的磁砖能酝酿出沉稳气氛。

⬤ 活用各房间的装潢建材来呈现质感

LDK 呈横向长条形，纵深并不深。为了让该空间变得宽敞，所以我们设置了大型挑高空间与窗户，以打造出开放视野。另一方面，为了让空间呈现出严谨的风格，我们在所有木质部分都涂上了深色，并对部分建材采用特殊工法。

制作出轻巧的钢骨楼梯

在连接玄关走廊的挑高空间设置轻巧的钢骨楼梯。涂装采用消光黑。如果直接连接磁砖的话，会给人一种厚重的印象，所以我们在两者之间设置了木造平台。

在通道上设置风化枕木

把枕木铺设在砂砾路上。枕木成功地缓和了周围混凝土所呈现的严肃气氛。

马赛克磁砖会成为盥洗室的特色

在柜子与洗手台之间设置马赛克磁砖（名古屋马赛克）。该磁砖成了盥洗室的特色。洗手台是 KAKUDAI 公司的产品，设置在赤松木拼接板制成的柜台上。

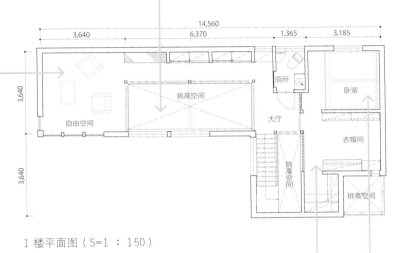

1 楼平面图(S=1 : 150)

简约舒适的自由空间

二楼的自由空间也能当成私人客厅来使用。此空间的设计很简约,仅由涂成褐色的雅致松木地板与硅藻土壁纸所组成。此处也有很大的开口部分,是个开放式空间。

外墙使用个性不强烈的颜色

外墙用石材风格喷涂工法(lithing spraying)涂成黑色,贴上板材处也同样涂成黑色。如此一来,就能一边营造出时尚风格,一边顺利地消除存在感。屋顶采用平缓的单斜面屋顶,使建筑物的正面成为简约的立方体。

能让室外光线照入的开放式衣帽间

依照屋主的想法,我们把衣帽间设计开放式房间。在隔间建材方面,上方部分使用玻璃,光线会从前方的高侧窗与挑高空间照进来。

卧室的纯木床架

在卧室设置与木材地板相同材质的纯松木床架。床架设置好后,就能直接躺下睡觉。

可以体验各种空间提案与家具的陈设方式。

「LOHAS studio 熊谷」这个工作室的理念是 passive design 自然风格的被动式设计整修 Hygge×GREEN。Hygge 这个词是丹麦语，意思是轻松的气氛或抚慰人心的时光。在这里，我们在这个词中加上了名为「宾至如归的款待」这项日式解释，设计出这个舒适的空间。为了完成此空间，我们采用了被动式设计。我们透过附加隔热（纤维素隔热材）与真空玻璃来提升隔热性能，并大量使用天然素材，借此来打造出稳定的室内气候。

将天然素材与被动式设计融为一体的住宅

实例

在右边的厨房收纳柜当中，用老旧的欧洲赤松木制成的框门很有存在感。黄铜制把手成了特色。屋主对于中央那个展示收纳柜有很高的评价。重点在于，连内部也采用硅藻土来加工。位在左边的是用老木材制成的陈设架兼柜台。

　　只要一走进室内，就会被巧妙的室内设计吸引住。我们透过宽度 130mm 的纯橡木地板来打造「地面」。设置在地面上的门窗隔扇、嵌入式家具、摆放式家具等所使用的各种树木构成了自然的渐层。另外，由于橡木地板的色调有点暗淡，所以跟深褐色与亮色系的木质家具都很搭。

　　另一项设计为白色的细微差异。整体以纯白色为基调，然后加上了马赛克磁砖、涂成白色的老木材、涂成白色的砖块等带有丰富质感的白色，一边维持一致性，一边呈现出不会流于单调的深度感。

　　解说请参阅 P38。厨房周围的设计密度特别高，我们将嵌入式家具与现成的厨房结合在一起，一边呈现出创意，一边灵活运用老木材、磁砖、硅藻土等有质感的衬料。

在现场对背面的收纳空间进行最后加工时，要进行 3~4 次的涂装。消光质感与膜厚感都很棒（planet color 涂料 /Planet Japan）。柜台使用的是马赛克磁砖（Britz 系列 / 平田磁砖）。背后的墙壁采用呈细微凹凸状的磁砖（Paints/ 名古屋马赛克）。

◯ 在设计自然风格的厨房时，「种类丰富的白色」很重要

为了呈现出时下的「自然风」，我们建议大家以白色为基调，并使用各种素材。
在此处，我们采用了透过在把手、金属板类等细节所下的功夫来吸引业主这项提案。

细节中的细微差异很重要

门窗隔扇与家具也要考虑到耐久度，所以在进行最后加工时，会进行 3~4 次的涂装。我们同时采用滚轮涂装法与毛刷涂装法，顾客可以比较出微妙的质感差异。使用消光加工法，光泽度在 30 以下。对于钢制（白色烤漆）插座面板、黄铜制把手等细节的讲究能够提升业主的满意度。

从侧面观看厨房。借由让流理台隔板的切面进入视线内，就能突显自然风与创意风。

透过磁砖来呈现清洁感与高级感

马赛克磁砖的尺寸为22mm见方，颜色为稍微偏灰的白色（右）。由于转角装饰材是透过黏合方式制成的，所以柜台切面的结构工法看起来很自然（左上）。地板建材采用的是石灰岩质感的 300 mm 见方磁砖（Forte 系列 / 平田磁砖）。

台面使用的是带有圆木状边材的欧洲赤松木横向拼接板。借由涂成橡木色系来调整色调。

● 自然风厨房的存在感会取决于木材

想要呈现出清洁感与高级感时，上述的磁砖也很重要。不过，如果要呈现出自然风格的话，还是得靠木材。

借由让一片板材的边材或老木材等物发挥其质感，就能一口气地提升存在感。

对于把手与柜底横木等细节的坚持

厨房台面的装潢材料采用了 Planet Japan 公司制造的橡木色乐活油（LOHAS OIL，原创商品）。虽然是横向拼接板，不过完工后，看起来很自然，宛如一片大木板（右）。制作厨房收纳柜的黄铜制手把时，要强调手工质感（左上）。在收纳柜部分，我们会采用与柜门相同材质的柜底横木。

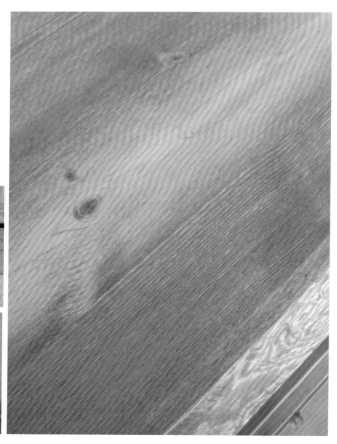

透过收纳空间来强调「订制感」

嵌入式收纳空间不会使住宅的使用方式变得固定，而且还能节省空间。
配置收纳空间时间重点在于「空间的空隙」。

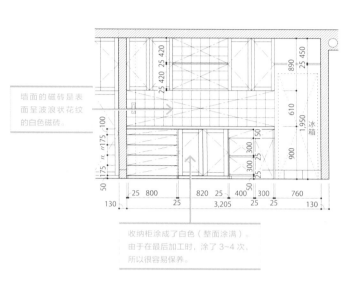

墙面的磁砖是表面呈波浪状花纹的白色磁砖。

收纳柜涂成了白色（整面涂满）。
由于在最后加工时，涂了3~4次，
所以很容易保养。

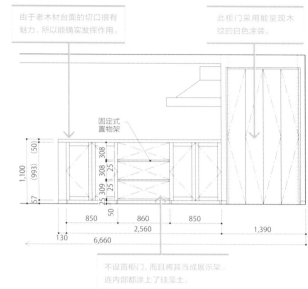

由于老木材台面的切口很有魅力，所以能确实发挥作用。

此柜门采用能呈现木纹的白色涂装。

固定式置物架

不设置柜门，而且将其当成展示架。
连内部都涂上了硅藻土。

厨房系统柜采用的是 YAMAHA 的人造大理石橱柜、水槽是一体成型系统柜当中很受欢迎的 Berry（Ⅰ型 2550）。水槽后方有可放置调味料等物的收纳空间，很受欢迎。

活用老木材与仿古木材

柜台兼展示架是用老赤松木制成，并涂上了中褐色。我们使用了经过专业厂商（GALLUP 公司）加工而成的横向拼接板。在装饰柱方面，我们先花三个月把赤松木暴露在室外，任其接受风吹雨打后，再透过毛刷来进行浮造加工法。

○ 熟练地运用老木材

老木材虽昂贵，但质感很高。只要能够善用老木材，就能轻易地产生效果。
从护木油加工法到涂满上色法，老木材呈现方式有很多种。一般来说，从木材的取得到加工，我们都会委托专业厂商。

刻意不制成横向拼接板，而是涂成白色

在此实例中，我们用仿古涂装法把老木材涂成了白色。借由涂成白色，就能一边让老木材融入四周环境，一边透过稍微在边缘留下薄薄的涂料来呈现出木材质感。

在展示收纳柜中，质感很重要

在制作展示收纳柜时，使用老木材来当作棚板也能得到很好的效果。在此处，我们将老木材与钢制骨架结合在一起。老木材与钢材很搭。

彻底讲究金属器具与电子材料

金属器具与开关面板等电子材料的面积虽小，但却能彻底改变空间的风格。现今有许多屋主都很讲究细节，所以我希望大家能提出具有丰富变化的提案。

把手的设计与材质都很丰富

左图是球状门把与把手。材质包含了陶瓷、铁、玻璃等。即使只会用于主要客厅的入口的门窗隔扇等处，还是会改变整个空间的风格。圆形与椭圆形的门把更能呈现出古色古香的气氛。价格大致上在 15000 日元上下。

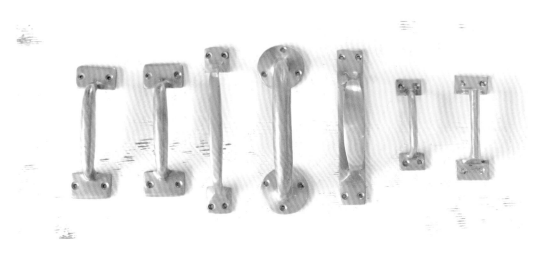

黄铜与自然风格的设计很搭

黄铜器具能忠实地重现古董的质感与风味。透过表面的氧化，器具会愈用愈有风味。由于我们采用手工的方式来对表面加工，所以各处都有独特的风貌。为了减少螺丝孔，所以黄铜器具的形状变化很丰富，可以让人感受到我们对于古董质感的讲究。业主在选择黄铜器具时，能够挑选与室内家具摆设很搭的产品。价格大致上在 600~2000 日元上下。

很有质感的插座面板

在营造空间风格时，开关面板与插座面板也是很重要的器具。面板的材质很丰富，左边这两个为陶瓷制，中央的是钢制，右边两个为木制（破旧风格涂装），所以我们希望大家可以依照设计来分别使用各种材质。另外，虽然插座使用起来与一般产品没有差异，不过开关会变成把手式，而且可按面积会变小。单价大致上在 1500 日元上下。

三重县
S 公馆

Prohome
大台

可爱复古风格
的住宅

6

从客厅这边观看餐厅兼厨房。用来区隔两个房间的竖格子窗是用 105mm 见方的桧木所排列而成的。在构造上,竖格子窗虽然不会产生作用,但可以防止沙发往后滑动。

以年轻一代为中心,想要使用老旧古董家具与怀旧风格用品的人正在增加中。在这种情况下,装潢建材的色彩调整、照明设备与小型结构材料的挑选会变得很重要。

关于木材地板与门窗隔扇等木材会外露的部分,希望大家能使用稍微偏向深褐色系的建材。

在照明设备等方面,由于吊灯等物会对空间风格产生特别大的影响,所以怀旧风格用品也必须选择设计相近的类型。

通过讨喜的配色来营造愉快气氛

即使是很简约的空间，只要透过色彩与素材的运用，还是能够打造出一个受女性喜爱的可爱空间。通过把部分的翼墙、垂壁等处设计成拱形，就能营造出南欧风格的可爱气氛。

框门使用的是北欧的自然涂料「Bona」。 颜色是沉稳的绿色，与木材的颜色及白色灰浆很搭。框门玻璃采用的是毛玻璃。

这是食品储藏室前方的拱形入口。先透过可弯曲的石膏板来制作墙底后，铺上粗棉布（cheesecloth），最后使用欧洲灰浆「estuco wall」来加工。

在此实例中，我们在完全订制的洗手台台面采用马赛克磁砖（名古屋马赛克）。洗手台的握把使用进口商品。镜子后面是收纳空间。

在木材上使用偏浓的涂装，以呈现高级感

想要营造出沉稳的气氛与高级感时，只要使用胡桃木等较深的褐色木材即可。 即使预算不多，只要对松木建材使用涂装，就能营造出相同的气氛。

寝室的门窗隔扇。两扇门都是用松木制成的框门，借由涂上黑色的 Bona 涂料，就能营造出沉稳风格的空间。

食品储藏室的模样（左）与厨房旁边的办公桌。两者皆采用松木拼接板制成，并涂上了深褐色的 Bona 涂料。办公桌旁的书架也采用相同设计。

双轨横拉式框门。此门也采用松木材，涂上深褐色的 Bona 涂料。

◯ 通过仿古风格的零件来营造气氛

当屋主偏好仿古风格的家具时，「巧妙地将仿古风格的结构材料融入住宅设计中」这一点会变得很重要。

由于门与格子窗等物不会破坏设计，且又容易搭配，所以我们建议大家使用这类结构材料。

这扇设置在玄关大厅墙壁上的铁制格子窗（左）是委托工匠制作的。如果用太多的话，风格会变得过于强烈，所以最好只设置在一、两处。大门的把手（右）采用的是仿古风格的按压式闩锁把手（用拇指按压开关来开门，HORI 公司制造）。此门把的风格与用橡木制成的大门很搭。

◯ 通过独特的照明设备来改变空间的气氛

当空间愈简约时，照明设备的设计就愈会影响空间的风格。如果想要整合仿古风格设计的话，就必须特别注意吊灯的挑选。

在鸟笼风格的照明器具上缠绕人造叶饰，就能制作出这个拥有罕见设计的照明设备。日产商品。用来当成厕所照明。

拥有钢制灯罩的缕空花纹吊灯。用来当成玄关照明。日产商品。

这是泡沫玻璃制的球状（直径约20cm）吊灯，安装在 2 楼挑高空间的大厅。

此玄关照明是仿古风格的进口商品。玄关是决定住宅整体风格的重要场所，所以我们希望大家也能留意照明器具的设计。

2 Materials&
Equipment

The Rule of the Housing Design

灵活运用
各种素材·结构材料

灵活运用天然素材的设计法

日本的传统木造住宅。以当地的木材、纸、瓦片建造而成，素材的搭配很协调。虽然为了回归自然，建材会容易腐朽，不过只要经过处理，这些素材的韵味就会随着时间经过而提升。外墙类似树干，与自然环境也很搭。

1

素材・结构材料篇

以治愈系建筑及其方法论来说，如果想要采用自然风设计的话，我们希望大家能多使用天然素材。虽然使用树脂建材来加工也能呈现出自然风格，但整体还是会呈现出廉价感与华而不实的感觉。由于天然素材加工法绝对不昂贵，所以如果大家想要透过设计来突显特色的话，就务必要采用天然素材。

只使用天然素材来加工

采用「主要以天然素材来进行加工」的设计时，希望大家能尽量避免使用树脂类建材。许多树脂类建材都是仿造天然素材制成的，在技术上，可以让外表接近真正的天然素材。尽管如此，只要试着将两者摆在一块，大多还是能够立刻分辨出差异。

因此，在天然素材围绕下，人们会很容易地感觉出树脂类建材的差异。而且树脂类建材也会影响周遭天然素材的加工成果，使整个空间或建筑物看起来像赝品。

当然，也有像印刷胶合板那样，乍看之下与天然素材很搭的建材。不过，尽管施工当时的效果很好，但是经过多年，当天然素材的颜色与风貌改变了，而且韵味也提升了后，天然素材与「不会产生变化」的树脂类建材之间的差异就会变得很明显。最后，外观就会变得很不协调。大家还是彻底使用天然素材来加工会比较好。

思考素材之间的契合度

虽说都是用天然素材来加工，但天然素材的种类有很多。除了木材以外，具有代表性的天然素材包含了灰泥、石材、纸等。砖头、金属、玻璃等虽然是工业产品，但其材料本身是源于自然环境，所以和纯粹的天然素材很搭。不过，不同素材的劣化速度有很大差异，所以大家要特别注意这一点。

水曲柳地板、为了自然地呈现出强烈踏感而加工成凹凸状的栎木制玄关台阶装饰材，以及榻榻米。墙壁采用灰浆，天花板贴上了纸质壁纸。

契合度佳的装潢建材搭配实例（表1）

地板	墙壁	泥土墙
杉木	灰浆、纸质壁纸	用细砾来进行露砾修饰的工法

可以营造出整洁的和风空间。也能借由地板收边条、天花板收边条、门窗装饰框的颜色与尺寸来更加突显木造住宅风格。

灰浆、纸质壁纸	粗糙的灰	洞石、板岩

可以应出沉稳厚重的空间。只要采用白色的灰泥，就能营造出度假饭店风格的空间。

松木、桦椵	丙烯酸乳胶漆（AEP）、纸质壁纸	陶瓦磁砖

可以营造出北欧风或无印良品般的自然风格明亮的空间。素材也很便宜，适合低成本住宅。

栎木、水曲柳、桦木	AEP（灰白色）	石材（灰色系）

可以营造出咖啡店般的时尚空间。由于颜色的对比较弱，所以基本上适合采用颜色不强烈的装潢建材。

由松木地板与纸质壁纸所构成的空间。把地板收边条设置在与壁纸相同的平面，就能避免风格变得过于乡村风。

玄关泥土地的材质挑选

玄关泥土地要选择兼具高耐久度与高质感的素材

图4是传统木造住宅的玄关，用当地土壤制成的三合土（一种水泥地）很适合该处。在图5中，为了不要输给由柚木地板与灰浆墙构成的厚实结构工法，所以我们铺上了经过仿古涂装的洞石。在图6中，我们采用与杉木地板很搭的细砾来进行露砾修饰工法。

基本上，木材、铁、布、草等素材的劣化（风化）速度比较快（图1）。另一方面，石材、磁砖、碍头、土壤（灰泥）、不锈钢、铝等则可以说是劣化速度较慢的素材（表1）。话虽如此，劣化速度也跟使用场所有关，而且只要一和树脂等新式建材的契合度相比，就会发现这些素材与住宅的契合度并不差，因此我们希望大家把这些资料当作参考。特别是想要呈现出自然风格时，只要搭配使用木材、纸、草等素材，就能轻易地呈现出自然风格（图2）。

另外，只要整合色调，整体的风格也会容易变得一致（表2）。如果想要采用较明亮的自然风格设计的话，将松木地板、纸质壁纸等素材结合在一起也是方法之一（图3）。

让天然素材适材适用

天然素材的使用方式也会因使用部位而异，因此我们会在此简单地解说这项重点。

关于地板材质方面，在不需使用地板供暖设备或隔音材料的一般起居室内，最好采用纯木地板。在素材质感、成本、施工性等方面，纯木地板可说是最佳选择。在加工方面，不要使用聚氨酯涂料，而是要透过使用护木油与打蜡等方式来营造自然风格。纯木地板大致上可以分成阔叶木与针叶木。阔叶木的长度不一，宽度较窄，节疤少，木纹细致，质感略硬。针叶木的长度较长，宽度较宽，廉价树种的节疤多，木纹也很多。虽然质感较软，不过也比较容易受损。

在不需脱鞋子的玄关等必须具备防水性与高耐久度的场所，最好使用石材或磁砖。砂浆或三合土等灰泥与天然素材的契合度也不差。

在可以直接于地板上坐着或躺着的房间内，最好采用榻榻米。虽然以相同用途来说，地毯也不差，不过还是在地板上铺上小地毯会比较适合自然风设计（图4~6）。

素材的契合度会因劣化速度而有所差异（表2）

本身能长期保持稳定状态的素材

石材、磁砖、玻璃、土壤、不锈钢、铜、铝等

会比较快风化，并回归大地的素材

铁、木材、皮革、草、纸、布等

一旦劣化，就会变得很难看的素材

塑胶、乙烯系树脂等

在「会比较快风化，并回归大地的素材」中，用劣化速度特别快的素材来搭配其他素材时，经过多年后，

会容易变得不美观，所以大家要特别注意这一点。另外，依照素材表面结构工法，素材的特性与契合度也会产生差异（像是「对木材使用聚氨酯涂料」等情况）。

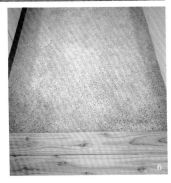

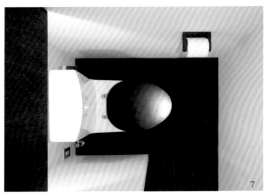

涂上白色 AEP 的墙壁搭配深褐色的软木地板与收纳柜。白色陶瓷马桶搭配深褐色马桶座。此空间采用了白色卫生纸与深褐色的卷筒卫生纸架。

在盥洗室与厕所等用水处，除了石材与磁砖以外，也可以采用软木或柚木等防水性能出色的树种（图7）。

用来当作墙壁建材的材料包含了和纸、涂料、薄涂式灰泥等。虽然这些素材的质感都不同，不过大致上都很平滑，接缝并不明显，所以能够营造出清爽的风格。由于墙壁是家具等物品的背景，所以个性不强烈的墙壁会比较容易搭配（图8、9）。

以外观给人的印象富有变化的材料来说，首先要介绍的是厚涂式灰泥（图10）。依照「涂装方式」与「开口部位的墙壁厚度的呈现方式」等，给人的印象就会改变。此外，在纯木板材方面，大多会使用长度较长的针叶木。借由色调、木纹的强度、节疤的量、接缝宽度等，就能改变印象，并设置具有存在感的墙壁。使用胶合板时，透过板材表面的素材质感与配置方式，就能呈现出节奏感。

采用会让柱子外露的真壁型墙壁时，墙面上的柱子的存在感会变得很明显，并能突显出木造质感。另外，在空间中，借由等间隔地排列柱子，就会给人一种井然有序的印象。

采用不会让柱子外露的大壁型墙壁时，天花板的结构工法会对空间的外观产生很大影响。如果各部位都采用不同结构工法的话，墙壁就会形成带状背景。另外，如果各部位都采用相同素材来加工的话，各部位的交界线会变得很模糊，整个背景看起来会融为一体。在这种情况下，我们会透过空间配置、窗户周围、摆放式家具、门窗隔扇等点缀方法来打造室内装潢（图11、12）

天花板最好使用纸、布制壁纸和纸、纯木板、胶合板，以及涂料或涂式灰泥等「风格较清爽，而且个性不强烈的素材」。那样的话，就不用担心剥落，而且也不易使空间产生压迫感（图13）。

要让横梁等结构外露时，可以透过天花板加工来呈现各种风貌（图14）使用木质类材料的话，天花板与横梁之间的对比会减弱，整个天花板会变成立体的木质造型。如果使用其他素材来加工的话，反倒会使结构变得明显，并突显木造质感。

大理石制的洗手台柜面与涂上厚厚灰浆的墙

墙壁素材的选择

一边思考色调与质感，一边思考整体厚重感的平衡

上图是由松木与白色纸质壁纸所构成的空间。在此实例中，我们只会对一面墙涂上粉红色灰浆。借由让部分墙壁变得有特色，就能避免整体空间的平衡变得过于强烈。下图是富有质感的灰浆墙。由于对面是砖墙，所以我们采用了能与其对抗的厚重感，以及与周围环境很搭的色调。

透过点缀方式来打造室内装潢

如同日式清汤那样，要透过汤来衬托里面的料

为了衬托人或是想呈现的物品，所以用来当作背景的室内装潢不能选择个性太强烈的种类，而是要选择容易搭配的种类。挑选摆放式家具等物时，要先充分地仔细研究，再挑选高质感的物品，这样室内装潢的品质就会大大提升。

涂上 AEP 涂料的墙壁与天花板。没有强调形状与素材质感，透过照明设备与反射光来呈现这个空间。

13

安昙野绘本馆。触感粗糙的灰泥墙，以及风格同样很沉稳的木造天花板。由于整个天花板的结构都采用相同素材，所以看起来很像雕刻。

14

不过，如果要设置复杂的成套横梁，并使其外露的话，风格就会变得过于花哨，所以必须要注意这点。最好的方法为，采用木质类的天花板加工法，并用涂料把横梁与天花板整个涂满，使其融为一体。

也会使用圆木来当作屋架梁。透过较大的切面，节疤会变得明显，所以很适合自然风设计，不过也可能会给人超乎想象的粗野印象。在这种情况下，只要提高天花板高度，使天花板看起来像是浮在横梁上就行了。

外部素材的使用重点

在外部方面，最好采用贴上板材、涂上灰泥等方式（图15）。虽然在贴板材时，会受到法令上的限制，不过如果能

使用的话，板材是最好的材料。如果板材的耐久度很好的话，也可以直接贴上去，不使用涂料。不过，我们只要把颜色稍深的褐色或灰色的树皮板或风化板组合起来，并进行涂装的话，就能使其融入环境中。在贴法方面，虽然贴法会随着想呈现的设计风格而异，不过在树干与雨水流动等考量下，基本上还是贴成直的会比较好。

在外墙粉刷方面，虽然用于外墙的灰浆是最佳选择，不过以「jolypate 涂料」为代表的高质感树脂类粉刷涂料也不错。在颜色方面，只要先以该地区的土壤颜色为基调，再把颜色涂成「想像被废气弄葬后的颜色」，脏污部分就会变得不明显。如果要涂成白色的话，则要同时考虑到光触媒等问题。

即使是一般的纤维水泥板，只要使用比较朴素的素材，在设置时，就不会破坏自然风设计。关于镀铝锌钢板，如果使用的是深灰色等较低调的颜色的话，就能轻易地融入周围环境（图16）。

另外，虽然多少会增加一些预算，不过在选择砖块与磁砖时，只要选择风格较朴素的种类，就会与自然风设计很搭。不过，由于能够呈现自然风格的物品很多，所以大家也要多留意这一点。

再者，虽然之后会详述，但避免让外墙过于醒目这一点很重要。要留意的重点为，不要妨碍草木的栽种，并选择适合自然环境的色调与素材。

在挑选素材时，不仅要注意自家住宅，也要留意街道与自然环境。如此一来，应该就能创造出更加适合这片土地的自然风设计吧。

贴上板材的外墙。包含格子窗与门窗隔扇在内，使用了很多木材。木材与灰浆墙也很搭。（绫部工务店）

采用镀铝锌钢板的外墙与木材、灰泥之间的契合度也很高。如果采用深灰色的话，就会与周围的草木很搭。（VEGA HOUSE）

纯木地板的挑选方式与设计

2

素材·结构材料篇

在设计时，如果把自然疗风格的空间当作前提的话，纯木地板就会成为地板装潢建材的基本选择。另外，如果想要保留素材的自然质感的话，在涂装方面，不要使用坚固的涂膜，最好采用能渗入表面的油类涂料。使用现成的复合式地板时，只要在表面贴上真正的薄板即可。不过，由于许多薄板都有涂上氨基甲酸乙酯类的涂层，所以大家在挑选时，要留意这一点。

拥有粗糙存在感的宽栎木材。

地板采用宽栎木材。我们在此处涂上了欧斯蒙的胡桃木色涂料。（「与户外相连的住宅」ART HOME）

具备高级质感的胡桃木地板

地板与楼梯采用纯胡桃木。此处也会透过欧斯蒙的透明涂料来呈现木材原本的质感。（「讲究的住宅」ART HOME）

给人明亮印象的桦木地板

音响室的地板采用纯桦木。为了呈现树皮的质感，所以我们采用了欧斯蒙的透明涂料。（「木屋级住宅」ART HOME）

基本款地板的挑选重点

松木

〔外观〕呈米黄色，虽然木纹较淡，不过大多都有节疤。
〔质感〕柔软、踏感佳，不过尺寸稳定性不太好。
〔涂装〕基本上只会打蜡，如果染成深色的话，就会给人较野生的印象。
〔设计倾向〕容易给人西式木屋的印象。
〔施工性〕★★★★★（要留意节疤的散布情况）
〔耐久度〕★★★★
〔价格〕★★★★★（材料加施工费约 9000 日元 /m²）

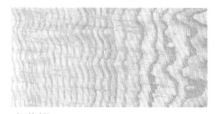

水曲柳

〔外观〕呈灰白色～米色，特征为明显的年轮，木纹很整齐。
〔质感〕坚硬、不易受损。
〔涂装〕基本上会采用能呈现木材质感的透明护木油。
〔设计倾向〕类似栎木，不过更适合和风设计。比栎木更适合清爽的空间。
〔施工性〕★★★★（比较硬，有点不易加工）
〔耐久度〕★★★★
〔价格〕★★★★★（材料加施工费约 9000 日元 /m²）

栎木

〔外观〕呈灰色～米色，木纹很明显。给人的印象比水曲柳稍微粗糙一点。
〔质感〕又硬又光滑，不易受损。
〔涂装〕涂上深色来呈现高级感。此外，也能刻意涂上灰色等色来营造复古风格。
〔设计倾向〕与日式和西式住宅都很搭。也有人会刻意使用零散板材。以自然风设计来说，在世界各地都很流行。
〔施工性〕★★★★（比较硬，有点不易加工）
〔耐久度〕★★★★★
〔价格〕★★★★★（材料加施工费约 8000 日元 /m²）

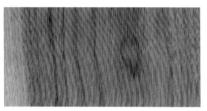

胡桃木

〔外观〕呈很深的红褐色，木纹没有特别明显。木纹很多，呈现成熟稳重的风格。
〔质感〕略硬，踏感佳。
〔涂装〕涂上护木油后，就会变成深褐色。
〔设计倾向〕与日式和西式住宅都很搭。适合高质感的沉稳空间。
〔施工性〕★★★★★
〔耐久度〕★★★★★
〔价格〕★★★（材料加施工费约 15000 日元 /m²）

木瓜海棠

〔外观〕呈橘色～红褐色，木纹多变。
〔质感〕给人较硬的印象，踏感偏硬。
〔涂装〕由于原本就是深色，所以无法透过涂装来改变风格。
〔设计倾向〕喜欢红木的人会常用此木材。中国人偏好此木材，目前缺货中。与混凝土也很搭。
〔施工性〕★★★★
〔附久度〕★★★★★
〔价格〕★★★（材料加施工费约 13000 日元 /m²）

桦木

〔外观〕呈米色～黄色，木纹不明显，有节疤。
〔质感〕比较偏软。
〔涂装〕用透明涂料来加工后，就会呈现较明亮的风格。
〔设计倾向〕适合北欧风或无印良品风格的室内装潢。
〔施工性〕★★★★★（可加工性比较好）
〔耐久度〕★★★★
〔价格〕★★★★★（材料加施工费约 8000 日元 /m²）

杉木

〔外观〕可分成红色心材、白色边材、源平杉木（红白两色混在一起），木纹很明显，节疤也很多。
〔质感〕虽然柔软且踏感佳，不过容易受损。
〔涂装〕基本上只会打蜡。由于容易受损，所以不适合上色。
〔设计倾向〕适合和风。由于木纹很明显，所以能让空间呈现出木造住宅的质感。
〔施工性〕★★★★★（要避免色调出现偏差。要注意木材的养护）
〔耐久度〕★★★
〔价格〕★★★★★（材料加施工费约 9000 日元 /m²。依照等级差异，价格范围很广）

桧木

〔外观〕虽然外观类似杉木，木纹也很明显，不过不会清楚地分成红色心材与白色边材。无节疤的桧木很昂贵。
〔质感〕柔软平滑，踏感佳。虽然没有杉木那么脆弱，但还是容易受损。
〔涂装〕基本上只会打蜡。不易进行涂装。
〔设计倾向〕适合和风空间。
〔施工性〕★★★★★
〔耐久度〕★★★★
〔价格〕★★★★（材料加施工费约 10000 日元 /m²。依照等级差异，价格范围很广）

柚木

〔外观〕黄褐色，木纹没有特别明显。
〔质感〕坚硬，不易受损。
〔涂装〕涂上护木油后，就会变成琥珀色，并呈现出高级感。不适合上色。
〔设计倾向〕适合高级的西式住宅，跟度假胜地的气氛也很搭。最好搭配「以黄土色系为基调的空间」。
〔施工性〕★★★★
〔耐久度〕★★★★★
〔价格〕★★★（材料加施工费约 13000 日元 /m²）

阳台木地板的挑选方式与设计

3

素材·结构材料篇

想把室外空间融入室内时，阳台木地板是很重要的部位。在独栋住宅中，阳台木地板已成为很普遍的设计。当屋主特别重视庭院与草木时，其效果会非常高。以自然风设计的观点来看，依外观与踏感，使用纯木材很是重要。由于阳台木地板需具备高耐久度，所以选择的树种也会不同。纯木制的阳台地板大多会因为经久劣化而变成灰色，所以我们会预想其变化，并采取「能让居民欣赏到其自然质感」的设计。

用来当成阳台木地板的南洋榉木

虽然前端稍微容易碎裂，不过这种阳台木地板价格适中，耐久度佳。为了因应大规模修缮，所以我们会设法将其切割成板条状。

设置在阳台上的柏木地板

由于色调沉稳，而且能选择较长的板材，所以这种阳台木地板能呈现出既清爽又成熟的气氛。虽然属于桧木类，但给人的印象比较偏西式。

基本款阳台木地板的挑选重点

美西红侧柏

〔外观〕呈米黄色，有节疤。
〔质感〕柔软、重量轻，前端不易碎裂。
〔涂装〕如果不定期涂装的话，就会很快腐烂。常会被涂上其他颜色。
〔设计倾向〕容易施工，适合DIY。此木材经常被用于室外。
〔施工性〕★★★★★（易加工，可轻松搬运）
〔耐久度〕★★（使用约10年后，就必须更换）
〔价格〕★★★★★（材料加施工费约13000日元/㎡）

南洋榉木

〔外观〕呈偏红的米色，颜色的浓淡与木纹很素雅。
〔质感〕容易出现起毛或碎裂情况。
〔涂装〕虽然基本上不进行涂装，但最好涂上护木油。
〔设计倾向〕当室内的地板颜色较明亮时，很容易搭配。
〔施工性〕★★★★（虽然属于较硬的阔叶木，但没有锯叶风铃木与婆罗洲铁木那么硬）
〔耐久度〕★★★（虽然基本上不需要保养，但使用约15年后，还是必须更换）
〔价格〕★★★（材料加施工费约16000日元/㎡）

锯叶风铃木

〔外观〕呈茶褐色～黄褐色，木纹虽然很漂亮，但容易变得零散。
〔质感〕表面光滑，前端比较不容易出现碎裂情况。
〔涂装〕耐久度高，基本上不进行涂装。
〔设计倾向〕无论室内地板呈何种色调，都很容易搭配。
〔施工性〕★★★（坚硬，不易施工）
〔耐久度〕★★★★★（基本上不需要保养，可使用20年以上）
〔价格〕★★★（材料加施工费约18000日元/㎡）

婆罗洲铁木（ironwood）

〔外观〕呈红褐色，外观类似锯叶风铃木，但色调比锯叶风铃木来得深。
〔质感〕表面比锯叶风铃木来得光滑，比较不易出现碎裂情况。
〔涂装〕耐久度非常高，基本上不进行涂装。
〔设计倾向〕容易与深色调的室内地板搭配。
〔施工性〕★★★（坚硬，不易施工。容易溶出涩液，把周围弄脏。）
〔耐久度〕★★★★★（基本上不需要保养，可使用20年以上）
〔价格〕★★★（材料加施工费约18000日元/㎡）

柏木

〔外观〕呈偏红的米色，有节疤。
〔质感〕触感不会太硬，虽然会出现裂缝，但不易出现碎裂情况。
〔涂装〕耐久度高，基本上不进行涂装。
〔设计倾向〕容易与有节疤的地板搭配。
〔施工性〕★★★★（虽然硬，但加工性出色）
〔耐久度〕★★★★（基本上不需要保养，可使用20年以上）
〔价格〕★★★★（材料加施工费约14000日元/㎡）

柚木

〔外观〕呈茶褐色～黄褐色，含有许多树脂成分，经过多年后，光泽会提升。
〔质感〕表面光滑，呈现出高级感。
〔涂装〕虽然基本上不进行涂装，但最好涂上护木油。
〔设计倾向〕只要室内也采用柚木地板的话，地板表面就会相连。
〔施工性〕★★★★（虽然硬，但加工性出色）
〔耐久度〕★★★★（会被当成船舶的甲板材料）
〔价格〕★★★

香二翅豆木（俗称：龙凤檀）

〔外观〕呈红褐色～黄褐色，外观与锯叶风铃木很像，常会被用来代替锯叶风铃木。色调丰富。
〔质感〕与锯叶风铃木相比，比较容易起毛。
〔涂装〕耐久度高，基本上不进行涂装。
〔设计倾向〕无论室内地板呈何种色调，都很容易搭配。
〔施工性〕★★★（坚硬，不易施工）
〔耐久度〕★★★★（基本上不需要保养，可使用20年以上）
〔价格〕★★★（材料加施工费约17000日元/㎡）

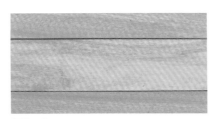

缅加木

〔外观〕呈带有粉红色的米色，木纹很素雅。
〔质感〕触感光滑，不易产生裂缝或碎裂情形，可以光着脚走在上面。
〔涂装〕耐久度高，基本上不进行涂装。
〔设计倾向〕很适合用于可以直接光着脚从客厅走出去的阳台地板。
〔施工性〕★★★★（与锯叶风铃木和婆罗洲铁木相比，比较柔软，加工性尚可）
〔耐久度〕★★★★（基本上不需要保养，可使用15年以上）
〔价格〕★★★

再生木材

〔外观〕颜色很多种，像是奶油色、深褐色、灰色等。大多无法让人感受到木纹。
〔质感〕有点类似树脂。
〔涂装〕基本上不需进行涂装。
〔设计倾向〕由于容易流于单调，所以要尽量选择带有自然斑点的类型。比起让人感受气氛的场所，再生木材比较适合用于有实用性的场所。
〔施工性〕★★★★★（加工比较简单，跟铝挤型很像）
〔耐久度〕★★★★★（基本上不需要保养）
〔价格〕★★★★★（材料加施工费约15000日元/㎡）

墙壁建材·天花板建材的挑选方式与设计

素材·结构材料篇

在此空间中，墙壁采用灰浆，天花板采用纸质壁纸

地板为水曲柳木，玄关台阶装饰材为橡木，和室为榻榻米，家具为椴木胶合板，格子窗采用云杉木搭配欧斯蒙涂料。此空间连接了西式房间与和室。

在墙壁、天花板的加工方面，最普遍的材料就是塑胶壁纸。不过，从自然风设计的观点来看，我们希望大家尽量避免使用塑胶壁纸。虽然刚完工时，不会觉得不协调，但是经过多年后，塑胶壁纸与天然类素材之间的劣化程度会产生差距，外观上就会让人觉得「不协调」。至少也要使用纸质壁纸、布质壁纸等表面材质很接近天然素材的壁纸。

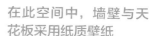

在此空间中，墙壁与天花板采用硅藻土

左图是铺上藤席的和室。右图是采用柚木地板的西式房间。 硅藻土与两者都很搭。图中的门窗隔扇采用了椴木胶合板平面门与紫竹把手。

在此空间中，墙壁与天花板采用纸质壁纸

类似 AEP 涂装的气氛与自然风很搭， 而且给人的感觉更加柔和、温暖。不过，容易变脏。

基本款墙壁建材、天花板建材的挑选重点

草质壁纸

〔外观〕外观比布质壁纸来得粗糙。

〔质感〕风格宛如凉席。

〔涂装〕由于是草的颜色，所以颜色很丰富。大多为白～深褐色系。

〔设计倾向〕具有高级感，而且自然风格也很强烈，所以能呈现出度假风格。

〔施工性〕★★（比较硬，不易施工）

〔价格〕★★★（约1500日元起/㎡）

布质壁纸

〔外观〕柔软，能感受到厚度。依照密度与角度的差异，外观会改变。

〔质感〕虽然是布，但里面有贴上纸质衬里，所以也带有纸质风格。

〔涂装〕根据布料种类，可以分成各种花纹。花纹以西式风格居多。

〔设计倾向〕想要呈现沉稳的气氛或高级感时，能轻易发挥作用。想要呈现复古风格时，也很方便。能够透过不同布料来呈现出有趣的风格。

〔施工性〕★★★（具有弹性，所以需要技术）

〔价格〕★★★（约1500日元起/㎡）

和纸、纸质壁纸

〔外观〕基本上是平坦的，但也会因为混合素材而呈现凹凸感。给人柔软的印象。

〔质感〕纸本身的质感。

〔涂装〕基本上为白色系，但也包含各种传统花纹。容易涂装，可以涂上喜欢的颜色，不过经过防水处理的壁纸不适合上色。

〔设计倾向〕不管是现代风格、传统风格、西式、日式，都能使用。

〔施工性〕★★★（虽然与塑胶壁纸相同，不过这种壁纸会因水分而伸缩，所以施工难度稍高）

〔价格〕★★★★（约1000日元起 _/㎡）

矽藻土

〔外观〕基本上很像泥土，不过外表会因为涂抹厚度与结构工法而改变。

〔质感〕表面没有光泽，给人一种干巴巴的朴素印象。

〔涂装〕基调为奶油色，可以透过颜料来呈现出各种颜色。

〔设计倾向〕无论是日式还是西式空间，都很搭。适合用于想要呈现泥土质感时。

〔施工性〕★★★（必须具备相应的专业技术）

〔价格〕★★（约5000日元起/㎡）

灰浆

〔外观〕依照墙壁粉刷方式，外观会改变，像是平坦的硬质墙面、触感粗糙的墙面等。

〔质感〕比矽藻土更具备石材风格，容易产生光泽。

〔涂装〕基调为白色，可以透过颜料来呈现出各种颜色。

〔设计倾向〕无论是日式还是西式空间，都很搭。适合用于想要呈现出比矽藻土更加艳丽的风格时。

〔施工性〕★★★（必须具备相应的专业技术）

〔价格〕★★（约5000日元起/㎡）

涂装

〔外观〕表面平滑。表面涂料的厚度很薄，所以可以呈现出墙底素材的质感。

〔质感〕种类很多。采用涂膜的墙面会类似树脂，采用上色的墙面则容易呈现出墙底素材的风格。

〔涂装〕能够因应各种颜色。

〔设计倾向〕能够借由「显眼的涂料、协调的涂料、低调的涂料」来调整涂装在室内装潢中的定位。也能借由涂装来提升耐久度。

〔施工性〕★★★★★（也能DIY）

〔价格〕★★★★（约1000日元起/㎡）

椴木胶合板

〔外观〕不突显木纹，给人温和的印象

〔质感〕平坦光滑。

〔涂装〕虽然什么都不用做，就能呈现温和的北欧风格，但只要使用油性着色剂的话，就能提升高级感。

〔设计倾向〕适合用于「不是要让人强烈感受木材的风格，而是想让人感受木材质感时」。

〔施工性〕★★★★（在养护与板材缝隙工法的精准度等方面贾稍微留意）

〔价格〕★★★（约2000日元起/㎡）

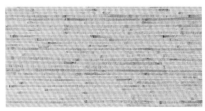

芦苇板

〔外观〕基本上是凹凸不平的。依照底下素材的差异，芦苇板会产生很大的变化。

〔质感〕若是芦苇的话，指的就是芦苇帘，此外，还有许多种类。

〔涂装〕大多为米色～茶色系。

〔设计倾向〕风格比较偏向和风，由于芦苇板跟藤席一样光滑，所以用途很广，甚至可以用来制作高级的「支条编结天花板」。

〔价格〕★★★★（约3000日元起/㎡，依照素材种类，价格范围很大）

纯木板

〔外观〕可以感受到木质素材的质感与厚度。依照木纹的差异，给人的印象也会改变。

〔质感〕虽然会呈现出木材质感，但加工程度会对质感产生很大影响。

〔涂装〕基本上是木材本身的颜色，也能透过涂装来改变颜色。

〔设计倾向〕最近，会在墙壁与天花板贴上纯木板的人变多了。刻意保留锯齿边的木板也很受欢迎。

〔价格〕★★★（约5000圆起/㎡）

制作门窗隔扇
与窗框·门

5

素材·结构材料篇

通过简约的加工与设计来整合空间时，家具与门窗隔扇等会相对地变得显眼。尤其是在采用天然素材的自然风设计中，如果在该部分使用市售成品的话，反而可能会使该部分变得显眼，并破坏整体的一致性。在门窗隔扇方面，大家也应该使用天然素材等与其他加工部分相称的产品。使用市售成品时，希望大家采用「由真正的原木所制成的简约产品」。

平面门可以因应各种设计

如果想要简约地呈现平面门的话，只要贴上朴素的椴木胶合板就行了。借由涂装，就能轻易地因应各种设计。想要欣赏木纹的强烈质感与色调时，镶饰胶合板也是很好的选择。在这种情况下，也能有效地呈现出高级感。由于重量过轻的话，就会变得不协调，所以要透过芯材来调整重量。

在椴木胶合板制成的平面门上使用欧斯蒙涂料

借由订制的方式，就能做出紧邻天花板的拉门。把门打开时，门窗隔扇就会消失。借由在椴木胶合板上使用涂料，就能融入各种空间。

借由在平面门的心材上贴上纯木板而制成的拉门

在此实例中，我们在平面门的芯材上贴上了长条状的水曲柳木板。虽然不易呈现如同纯木门般的厚重感，但不会变得过重，弯曲情况也会减少。

日式拉门、格子拉门不仅会用于和室，也能用于西式房间

使用日式拉门时，透过贴在其表面的加工材料，就能轻易地呈现出素材的质感，并能轻易地与各种设计风格进行搭配。一般来说，会贴上和纸，不过贴上布或纯木板也很有趣。使用格子拉门时，也能透过格子的质感与贴在门上的素材来呈现日式或西式风格。除了和纸以外，也有嵌入竹帘的拉门。

贴上和纸的门窗隔扇与墙壁

门窗隔扇与墙壁比较容易采用相同的材料来制成。在门窗隔扇方面，借由在双面都贴上和纸，就能让正面与背面都采用相同素材。使用银箔纸来加工也是很有趣的做法。

骨架呈现悠闲风格的吉村式格子拉门

采用了吉村式格子拉门。在室外开口部位的内侧，窗棂的正面部分相当一致。（「盘坐之家」VEGA HOUSE）

框门的风格会因镶嵌素材而改变

由于门框会呈现厚重感，所以框门会成为空间中的一大特色。一般来说，只要镶上玻璃，就能产生适度的轻快感，而且容易和各种空间搭配。另外，只要把纯木板嵌入纯木门框中，就能制作出存在感很强烈的门窗隔扇。相对地，把镶饰胶合板嵌入纯木门框中时，为了避免「素材之间因为重量感的差异而变得不协调」这种情况发生，所以最好采用深色系的涂料，或是选择具有厚重感的木材。

镶上压花玻璃的玻璃框门

采用较细的边框与较大的玻璃，就能制作出让人感受到明亮风格的玻璃框门。玻璃采用的是圣戈班（Saint-Gobain）公司的传统玻璃框门。

大型玻璃框门的实例

此实例中的花旗松框门是由SI玻璃公司的方格纹玻璃与KAWAJUN公司的门把所组成的。（「LOHAS studio 熊谷」OKUTA）

突显边框的玻璃框门

由SI玻璃公司的方格纹玻璃与花旗松框门组成的实例。借由在边框部分使用较深的涂料，就能设计出这种突显边框的风格。（「LOHAS studio 熊谷」OKUTA）

市售的木造隔热门成品

这是腰山公司的木造隔热门。板材种类为高级花旗松木，厂商将其涂成了蔷薇木色。（「LOHAS studio 熊谷」OKUTA）

将窗框的边框隐藏起来

使用一般的铝制窗框或树脂窗框时，尤其是在重要的开口部位，希望大家能尽量把边框隐藏起来。
因为使用上的便利性而特别难隐藏时，至少也要设法将上方的边框隐藏起来。

顺利将窗框隐藏起来的大开口部位

设法让窗框变得不显眼后，开口部位就会变得很清爽。（「盘坐之家」VEGA HOUSE）

室外的木造门窗隔扇

由于室外的木造门窗隔扇容易出状况，所以我们采用了市售成品（KIMADO公司）。不仅外观漂亮，隔热性能与隔音性能等也很出色。

玄关门尽量采用订制

基于防盗与防火等理由，所以许多人会选择现成的玄关门。不过，由于玄关门是住宅的门面，也是人们会最先接触的场所，所以希望大家尽量采用订制的方式来制作钢制大门或纯木板门等。

采用FERRODOR涂料的钢制大门

在依照大门尺寸制作而成的钢制大门上使用与天然素材很搭的FERRODOR涂料（防蚀涂料）。

纯柚木板大门

这是纵向贴上纯柚木板而制成的铰链门。门把也同样采用柚木雕刻而成。

透过天然素材来营造出疗愈空间的照明设计

6

素材·结构材料篇

只要把屋主设想为首购族，即20多岁至40多岁这个年龄层就能得知，一般来说，待在家中的时间会以晚上居多。从这种观点来看，在日落后，空间的视觉表现会变得非常重要。尤其是使用许多质感丰富的天然素材时，通过有效地使用照明设备，就能营造出质感非常丰富的空间。不过，由于空间的完成度有高低之分，在使用照明设备时，也要充分留意这一点。

确认装潢建材是否适合使用照明设备

由于照明设备能突显装潢建材，所以如果最后加工时，没有处理得很漂亮的话，灯光反而会突显该处的缺点。另外，灯光也不应照在没有特色的廉价素材上。希望大家能进行调整，把照明设备用于美观的装潢建材上。

质感很美，平面上没有任何异状

在这个实例中，我们使用了可调式下照灯（Universal Down Light）来照射纯柚木地板与灰浆墙壁。从上方来照射墙壁，素材的质感看起来就会很突出。

透过美丽的木纹、天然素材的深度与安稳感来营造空间风格

在此实例中，我们使用聚光灯来照射颜色分散的纯木瓜海棠地板。借由明暗的差异来让人感受木瓜海棠木的深度质感。

选择显色性高的照明设备

显色性指的是，光源照射在物体上时的颜色逼真程度。想要美丽地呈现装潢建材时，显色性会成为一项重要的指标。显色性高的光源包含了白炽灯、与白炽灯属于相同类型的卤素灯泡、迷你氙气灯泡等。透过LED也能制造出显色性出色的产品。

无灯罩的白炽灯

在客厅与卧室等能让人放松的场所，最好使用暖色系的温和光线。在这间卧室内，我们采用了与天然素材也很搭的陶瓷灯座和白炽灯，并装上了调光器。

使用卤素灯泡制成的聚光灯

厨房必须很明亮，不能被阴影遮住。从这一点来看，只要在轨道灯座上使用卤素灯泡制成的聚光灯，就能比较自由地改变照明方向与灯泡数量，并提升显色性，所以料理看起来也会很美味。不过，由于灯泡会发热，所以使用发热量低、显色性高的LED灯泡也是个好方法。

使用下照灯、聚光灯直接照射素材

装潢建材是室内装潢中的重点。为了呈现素材质感，最好避免采用日光灯等全室照明设备（或是将其当作辅助光源），并改成透过下照灯聚光灯来有效地照射素材。如果装潢建材的质感与外观很出色的话，空间的风格就会变得更加丰富。

使用聚光灯来照射家具与地板表面

虽然在拍摄当时，聚光灯照射在收纳柜与纯木地板上，不过之后会依照挂在墙上的画作与家具的摆设位置来更改照明方向与灯泡数量。

使用下照灯来照射灰浆墙

在拍摄当时，可以呈现灰浆墙的质感与用来当作台面的厚实纯木板。由于墙上会挂上画作，台面会摆放装饰品，所以下照灯也能用来照射那些物品。

不要轻易地采用结构性照明设备

结构性照明设备是一种基本款间接照明设备，能有效地呈现室内装潢。但由于在设计初期就必须固定照明位置，所以设计难度很高。没有足够的模拟成果或经验时，最好还是避免采用这种设备。不过，通过有效地使用这种设备，就能使空间风格变得更加丰富。

用光源照射马赛克磁砖的实例

在此实例中，我们透过设置在洗手台收纳空间下方的白炽灯来照射马赛克磁砖墙与洗手台。为了隐藏照明器具，并同时将其当作门把，所以我们会把收纳柜的门往下延伸。

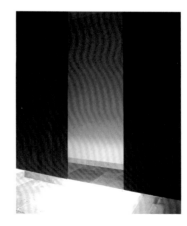

用光源照射玄关大理石地板的实例

透过设置在鞋柜下方的白炽灯来照射铺设在玄关泥土地上的大理石地板。除了能突显大理石的质感以外，还能减轻鞋柜的压迫感，让地板表面变得宽敞。我们在收纳柜中央的门上贴上了镜子。

运用有质感的吊灯、台灯

使用吊灯、台灯时，由于灯具本身会对室内装潢产生很大的影响，所以必须注意灯具的形状与素材。尤其是附有灯罩时，灯罩最好选择高质感的素材（纸、玻璃等）。

玻璃吊灯

厨房内有个吧台，住户可在此吃点轻食，吊在吧台上方的吊灯很受业主喜爱。在确保亮度方面，也能透过天花板上的下照灯来提供照明。此吊灯可说是一种象征意义很强烈的照明器具。

能使人放松心情的浴室设计

7

素材・结构材料篇

浴室的设计最能呈现治愈效果与舒适感。在这方面，「把自然环境融入室内的方法」与「巧妙地呈现天然素材的方法」会变得很重要。根据这些条件，磁砖浴室会是最佳选择。由于浴室本身是个特别狭小的空间，所以最好一边尽量提升视觉上的宽敞感，一边巧妙地将植物等 天然素材融入浴室。另外，我们也必须设法运用装潢建材与照明规划等方法来营造出看也看不腻的景色。

在浴室装潢方面下工夫

在进行浴室的装潢时，防水性与耐久度是必要条件。
在适合自然风设计的素材中，石材与磁砖应该会是适当的选择。
在选择地板建材时，为了防滑，所以最好选择有很多接缝的素材或有凹凸起伏的素材
想使用木材时，要充分留意通风与防漏措施，并将木材用于腰部以上的部分或天花板。

由蓝色与白色的磁砖组成的浴室

浴缸侧板以下的部分采用蓝色磁砖，这样就能打造出一个不会太蓝的蓝色风格浴室。磁砖表面的变化能呈现出自然风格。

由白色磁砖与苔绿色石材地板所组成的浴室

白色磁砖与上图相同，不是成形后就直接拿来用的产品，而是可以感受到手工痕迹的自然质感磁砖。尽可能不要切割，而是直接使用一整块，而且各部分的磁砖都会依照接缝来铺设。

采用软木地板的浴室

由于踏感柔软，不易变冷，所以很少会发生热休克现象，而且也可以在更衣室等处以外的房间使用软木地板，使其相连。软木地板与自然风设计的契合度当然也很高。

巧妙地将自然环境融入室内

无论如何，从浴室的窗户所看到的景色必须得让人感到安稳才行。因此，我们要巧妙地撷取窗外的景色。当我们无论如何都无法顺利地撷取窗外景色时，我们可以有效地设置中庭或种植草木，设法让自然景色出现在窗外。

巧妙地运用中庭的浴室

这是位于住宅区内的浴室，我们在最小限度的中庭内种了竹子。虽然中庭深度仅有60cm，但里面种有植物，风会通过此处。只要一坐进浴缸，就能看到天上的云。

将周围景色融入其中的半露天浴池

在此浴池中，朝向中庭的这面采用完全开放式设计，可以感受到露天浴池般的气氛。当浴池边缘的热水在晃动时，窗外景色也会同时映照在水面上，使浴池更能呈现出与自然融为一体的气氛。

让水看起来很美

在浴室内，水的外观也是要留意的重点。透过水的外观，就能非常有效地让人感到安稳。
由于人们会在晚上洗澡，所以照明会变得特别重要。建议采用卤素灯泡。
卤素灯泡可以让水面的波纹看起来很美。此外，显色性高的照明器具也能产生相同的效果。

通过日光来让水面看起来很美

这是设置在室外露台上的陶瓷露天浴缸。在日光照射下，水的波纹显得非常美丽。另外，一边在夜空下看星星，一边泡澡，也能够治愈人心。即使只有一部分也好，希望大家能把自然环境融入住宅内。

通过卤素灯泡来让水面看起来很美

只要使用显色性很高的卤素灯泡所制成的聚光灯，就能让建材看起来很美。灯光同样也能让水面看起来很美。洗澡时，只要看着摇晃的水面，内心就会被治愈。

从室内看到户外景色的设计

8

素材·结构材料篇

在思考自然风设计时，最好要能够把自然环境本身融入建筑中。从这种观点来看，巧妙地把室外的自然景色融入建地中，或是以借景等方式巧妙地撷取窗景，都是不错的方法。如果房子位于住宅区的话，就必须在草木种植与窗景的撷取方法上下功夫，尽量避开不想看到的景色，设法积极地呈现自然景观。

景色呈现方式的设计

窗景的撷取方式会大幅影响所看到的景色。在设计时，要兼顾外观与功能性。
尤其是客厅与浴室等处，最好要依照从室内看到的景色来决定窗户的位置。
若地点在都市地区的话，以落地窗与高侧窗为主，并把落地窗设置在中庭或小庭院也许是个不错的方法。

透过设置在挑高空间上方的高侧窗，只能看到天空

在此实例中，我们把用来当成排烟窗的高侧窗设置在天花板边缘。虽然住宅坐落于都市地区，但只看得到天空。在夏天，这扇窗也能发挥通风作用。

将行道树融入室内的纵长窗

由于行道树的茂密叶子出现在适当的高度，所以我们设置了能将景色融入室内的纵长窗。

设置在走廊尽头的落地窗

如果把窗户设置在一般位置的话，访客就会看到室内或多余的景色。在此处，透过落地窗只能看到庭院的一部分与露台。

建筑物与围墙最好采用低调风格

原则上，建筑物采用低调风格的设计会跟自然环境比较「相称」。
基本上，外墙或围墙最好使用朴素的颜色，像是灰色、黑色、深褐色等。
想要加上颜色，使其变得明亮时，只要降低亮度或彩度的话，应该就会变得比较容易与自然环境融合。

在围墙上涂上接近黑夜的颜色，避免围墙变得显眼

在围墙上贴上涂成深灰色的板材。由于这样的背景可以突显主要的栽种植物，所以我们会透过深色来尽量使围墙变得低调。

3 Renovation

The Rule of the Housing Design

在设计整修方面
应该先了解的事

现今的业主所追求的 <u>整理空间</u> 指的是什么？

由于整修会受到原有建筑与成本的限制，所以理想与现实之间的冲突会比新建住宅来得严重。虽然透过定额方式可以顺利地掌握折中方案，不过由于市场的扩大，无法满足于那种方案的客层正在增加中。这种新的折中方案就是「设计整修」。

透过 [进攻 × 防守 = 现实] 来思考顾客的需求

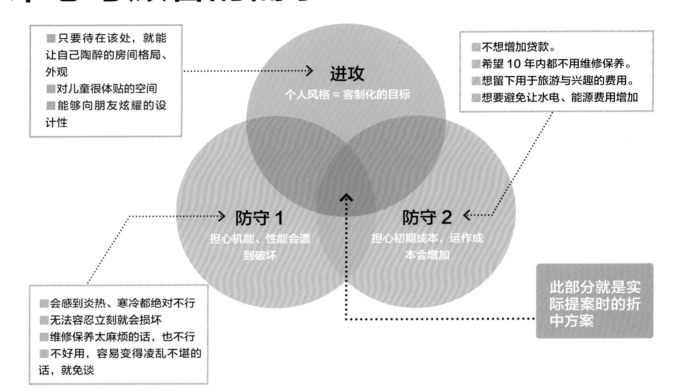

■只要待在该处，就能让自己陶醉的房间格局、外观
■对儿童很体贴的空间
■能够向朋友炫耀的设计性

进攻
个人风格 = 客制化的目标

■不想增加贷款。
■希望 10 年内都不用维修保养。
■想留下用于旅游与兴趣的费用。
■想要避免让水电、能源费用增加

防守 1
担心机能、性能会遭到破坏

防守 2
担心初期成本，运作成本会增加

此部分就是实际提案时的折中方案

■会感到炎热、寒冷都绝对不行
■无法容忍立刻就会损坏
■维修保养太麻烦的话，也不行
■不好用，容易变得凌乱不堪的话，就免谈

在进行属于「设计整修」范畴的大规模整修时，业主所追求的目标并非只是恢复住宅的功能，而是要让房子看起来像新家。因此，现今的业主都会追求这种住宅设计趋势。当然，只要运用最近的建筑技术的话，就能实现大部分的目标，不过在进行整修时，还是会遇到一项很大的障碍。这项障碍指的当然就是预算。

无论财力如何，都要谨慎使用预算

民众不选择盖新居，而是选择大规模整修的理由很明确。因为民众不想像盖新居那样，花那么多钱。整修费用的最大值约为盖新居费用的七成。无论财力如何，在整修中，首先要考虑的就是「预算的上限」这项限制因素。在实际提案中，很少人会愿意像盖新居那样，花费超过预算

上限的金额。这就是整修的特征之一。

整修的另一项特征为，「担心机能，性能会遭到破坏」。在现代建筑中，想要透过目测来正确掌握现状是很困难的。另外，原有建筑与整修部分之间的接缝会成为弱点。再者，我们也会发现「原有建筑的隔热性能等比目前的住宅水准来得低」这种情况。

因此，在某些实例中，如果大胆地进行整修的话，反而会使居住环境恶化。另外，整修工程也会伴随着需进行其他修补工程等的风险。许多业主在进行整修时，自始至终都会谨慎地听从专家的建议。这种情况也会助长「谨慎使用预算」的倾向。

因此，我们不需要像盖新居那样追求理想，而是要尽早摸索出折中方案。这就是整修的另一项特征。

在「自然风整修」中，关于设计方案的［进攻·防守·现实］（表1）

进攻	业主的采用度	防守	实际状况
设置了岛型厨房的 一室格局LDK。可以开派对，也能注意到孩子的情况。	★	·厨房看得一清二楚，整理起来很麻烦。 ·房间内会充满气味。 ·使用高价装潢建材的面积会增加，导致预算上升。	·不会有那么多客人来拜访，顶多只有在周末，全家人才会聚在一起好好吃顿饭。因此，采用「把料理工作兼吧台设置在厨房与客厅之间的半封闭式厨房」+「开放式客餐厅」就够 了。那样的话，厨房周围的加工也只需采用简朴的设计。
与LDK相连的木制露台或日光室，可在此用餐。	▲	·总之很花钱。 ·保养很麻烦。	·业主会说「总之，就算没有那种空间，还是能够生活，所以需要时再盖就行了」这种话来说服自己，所以此提案会作罢。
榻榻米房间。可以懒洋洋地躺在上面，或是在此处叠衣服。	★▲	·实际上，会达到适当的使用频率吗？ ·不想打扫其实没常使用的房间。 ·总之很花钱。	·只要在客厅角落设置一个约1.5坪大的榻榻米空间，实用性就够高了。加工、装潢部分也能变得朴素。 ·说得更直白一点，只要在居家修缮中心购买组合式榻榻米就够了（由于可以随意收纳、取出，所以反而比较方便）
大型厨房吧台与水槽	★	·保养很麻烦。 ·总之很花钱。	·如果不常做菜的话，透过市售的厨房+嵌入式吧台就能打造出最低限度的「自己的城堡」，感受当城主的感觉。
具收纳作用的食品储藏室	★★	·其他房间会变得狭小。	·既不花钱，又能有效整理物品。0.5坪的空间也能制作食品储藏室。
厨房旁边的家事房	★	·其他房间会变得狭小。 ·很花钱。	·把厨房收纳柜等的一部分弄成书桌那样，并设置电信线路的接头与电源插座。
既宽敞又干净的一室格局厕所（注：洗手台与马桶位在同一个空间）	▲	·其他房间会变得狭小。 ·总之很花钱。 ·清洁工作很辛苦。 ·孩子到了青春期后，也许会感到困扰。	·采用具备玻璃门的高开放感整体浴室。 ·把浴室和盥洗更衣室分开来，两处采用相同的颜色来装潢。
丈夫的休闲室	▲	·其他房间会变得狭小。 ·很花钱。	·由于待在家里的时间很短，所以只好割爱。客厅的角落或榻榻米室会用来放置丈夫的物品。
具收纳作用的步入式衣橱	★★★	·其他房间会变得狭小。	·由于「既不花钱，又能避免衣物变得凌乱不堪」这一点是我们会优先考虑的课题，所以即使只有0.5坪，也要制作步入式衣橱。
收纳量出色，而且又气派的玄关	★★	·其他房间会变得狭小。	·能保持整洁是最棒的，而且由于面积小，所以不会花很多钱。由于屋主也爱面子，所以会直接采用。
酒店风格的厕所	★★	·如果讲究马桶的话，价格会很贵	·由于面积小，不会花很多钱，而且很受访客欢迎，所以会直接采用。
可遮阳的小巧雅致通道	▲	·很花钱。 ·保养很麻烦。 ·家会变小。	·成本效益太差了，所以不采用。
可以设置家庭菜园，与孩子一起从事园艺活动的庭院	▲	·家会变小。 ·保养很麻烦。	·只使用不费力的最小限度面积（在关东以北的地区，由于有放射线的问题，所以孩子对于园艺活动很消极）。
风格宛如度假饭店与咖啡店般的纯木地板	★★★	·光靠样品，很难掌握其风格。 ·保养很麻烦。 ·很花钱。 ·不能使用地板供暖设备。 ·没有隔音作用（需使用双层式地板）	·由于这是整修的主要风格，所以只有客餐厅坚持使用较昂贵的建材（其他房间使用便宜的地板建材） ·必须使用地板供暖设备，又不想使用双层式地板时，就得采用复合式地板（不过，这种人是主要业主）

业主的采用度：★★★直接采用；★★大致上会直接采用；★问题被缩小后，才会采用；▲基本上不会被采用

注：制作此表格时，假想的对象是 P69 的「工务店型的业主」。这类业主的防守能力比「传统业主」来得强，进攻能力也比「设计事务所型的业主」来得强。

「折中方案」尚未被开发

像这样，在进行大规模整修时，业主会倾向于与专家妥协。「大型住宅建商」所发展的「宛如新居」路线完全符合这种实际情况。

业主的目标一旦变成「设计整修」的话，情况就会有所不同。虽然「具有比盖新居的业主容易妥协的倾向」这一点是相同的，不过折中方案却会完全不同。

实际上，追求「设计整修」的业主与采取「宛如新居路线」的住宅建商之间的意见会产生分歧，找不到理想 建商的业主会累积挫折。换句话说， 在整修业界中，「设计整修的折中方案」的理论尚未被建立，此业界存在着商机。

在「自然风整修」中，关于设计方案的［进攻·防守·现实］（表2）

进攻	业主的采用度	防守	实际状况
如同欧洲住宅般的纵深感灰泥墙	★	· 光靠样品，很难掌握其风格。 · 保养很麻烦。 · 很花钱。	· 想将其当成主要整修风格的话，就要坚持在客餐厅采用此装潢（其他房间则采用壁纸）。 · 若只想要天然素材的话，就用纸质壁纸。想上色的话，就用丙烯酸乳胶漆（AEP）。 · 若只想要全白墙壁的话，就用朴素石材风格的塑胶壁纸。
宛如20世纪50年代的现代主义风格般的大尺寸大理石地板	▲	· 光靠样品，很难掌握其风格。 · 又冰冷又坚硬，所以难以融入生活。 · 保养很麻烦。 · 很花钱。	· 很多部分都无法想象，而且又很花钱。风险太大了，所以不采用。
形状有点不平整的 手工感磁砖或马赛克磁砖	★	· 光靠样品，很难掌握其风格。 · 很花钱。	· 很多部分都无法想象，而且又很花钱，所以只采用极小面积。
质感宛如美国或欧洲的老房子般的窗框	★	· 很花钱。 · 保养很麻烦。	· 由于性能出色，丈夫（屋主）也跃跃欲试，所以我们在考虑，只有客厅的落地窗坚持采用此窗框，或是用木质风格树脂窗框将就一下。

在「自然风整修」中，关于设计方案的［进攻·防守·现实］（表3）

进攻	业主的采用度	防守	实际状况
冷热适中的温热环境（地板供暖设备等）	★ ▲	· 初期成本、运作成本都会增加。	· 只有客厅部分采用，或是放弃。
最新型的嵌入式机器	★	· 很花钱。	· 除了洗碗机以外，总觉得透过国产的「嵌入式风格」产品就能搞定。
最新型的热水供应、洗澡设备	★	· 很花钱。	· 热水供应设备与浴室干燥机价格便宜，所以会才用最新型。在喷雾器与按摩浴缸方面，如果没有特别坚持的话，就会割爱。
设计符合自己喜好的照明器具与用水处设备（洗手台、冲水马桶、水槽等）	★	· 很花钱。 · 之后会产生便利性的问题。	· 只有客餐厅与玄关的吊灯由业主自己找，其他部分采用设计师的提案。
可以放置手工小物 与家庭活动照片的 壁龛式陈设架	★ ★ ★	· 要花一点钱 · 硬要挑剔的话，容易弄脏	· 住户可以用最简单的方式来装饰住宅，也不用花很多钱，所以会直接采用。只要提出这种满是陈设架的提案，业主就会很高兴。
与LDK的风格融为一体，且具备收纳作用的嵌入式家具	★	· 总之很花钱。	· 重视收纳能力的话，就采用无门的木工家具。重视外观的话，就透过相同装潢建材与颜色的组装式设计来顺利打造出收纳空间，像是IKEA之类的产品。

业主的采用度：★★★直接采用；★★大致上会直接采用；★问题被缩小后，才会采用；▲基本上，不会被采用
注：制作此表格时，假想的对象是P69的「工务店型的业主」。这类业主的防守能力比「传统业主」来得强，进攻能力也比「设计事务所型的业主」来得强。

标准化住宅型套装

那么，「折中方案」会变得如何呢？大致来说，客制化程度会比「宛如新居路线」高，套装化的倾向会比新居来得强。以木造住宅来说，风格就会如下：

①**设计方案**：把浴室、厕所、盥洗室的变动控制在最小限度，不要改变楼梯位置，也不要增设窗户或改变窗户尺寸。

②**外墙**：基本上不随便改动。顶多只会用密封剂来修补，或是重新粉刷。

③**窗框**：除了外墙要进行全面整修的情况以外，不随便更动（透过内窗等来增强性能）。若要增设开口部位的话，要选在增建部分施工。

④**用水处的设备**：组合式浴室与厕所采用固定几种。厨房种类可自由挑选，选择性比新居来得多。

⑤**室内装潢**：基本上很自由（与新居相同）。

⑥**家具**：包含厨房设备在内，提案积极度会比新居来得高（这是因为，在设计方案不改变的情况下，如果不更改家具的话，空间的气氛就不会改变）。

看了这几点后，大家应该可以了解到重点在于，提升「室内装潢与包含厨房在内的家具」的自由度，其他部分则采用标准化设计。大致上可以说，这就是「设计整修」的折中方案。

［不同客群］整修提案的折中方案

	客群特征	整修倾向与对策
传统业主 （30~40岁首购族） 	· **家庭年收入：** 600 ~ 800 万日元 · **职业：** 中小企业上班族、业务（双薪家庭，或者妻子有在兼差） · **孩子：** 1 ~ 2 人 · **食衣住：** 靠连锁店就能搞定（快速时尚、家庭餐厅＆回转寿司、100元商店、连锁日用品店） · **兴趣：** 丈夫看足球比赛妻子做蛋糕、纯女性聚会	· 只要能掌握一般流行趋势的话，大致上就没问题（业主会极度在意「怎样才算普通」）。 · 由于许多人都无法自己做决定，所以会完全落入圈套，接受名为「提案」的强迫推销。 · 借由家具、纺织品、壁纸等项目的选择，可以充分感受到订制感。
设计事务所行的业主 （30~40岁首购族） 	· **家庭年收入：** 1000 万日元 · **职业：** 大企业上班族／公务员／公司经营者、干部（双薪家庭，或者妻子是全职主妇） · **孩子：** 0 ~ 1 人 · **食衣住：** 喜欢素材有内涵的商品（户外品牌、自然时尚风格、有卖名牌清酒的居酒屋、以小酒馆为店名的西餐店） · **兴趣：** 丈夫周游隐秘温泉、自行车妻子收集餐具、养生饮食	· 会想要尽量排除自己不中意的东西。 · 想把住宅打造成能追求自己兴趣的空间。 · 基于上述理由，所以即使便利性较低或功能较差，也会接受。 · 由于业主有自信能够掌握生活方式，所以只要业主赞成的话，也会接受理论之外的提案。 · 虽然素材、家具、设备会使用一般产品，不过业主确实想要打造出与众不同的住宅。
工务店型的业主 （30~40岁首购族） 	· **家庭年收入：** 600 ~ 800 万日元 · **职业：** 中小企业上班族、IT产业／出版／地产开发商／宣传公司等／设计师、美容师等具备一技之长的职业（双薪家庭） · **孩子：** 1 人 · **食衣住：** 知名复合品牌时尚店（服饰、家具、日用品）、小规模连锁店（饮食） · **兴趣：** 丈夫慢跑／用iPad上网妻子花盆菜园、芳香蜡烛	只要掌握住宅杂志的趋势，就没有问题（丈夫：20世纪中叶风格昭和风、妻子：自然风）。 · 透过以嵌入式家具＋金属器具或照明器具等「物品」为主的订制产品来满足「个人风格」。 · 只要能够说明成本效益，业主就会积极地致力于自主施工（不委托承包商，而是自己亲自指挥工程）等，使业主满意度上升。 · 虽然业主想要避免「失败」与「损失」，但业主对于自己的选择也不是很有自信，所以我们只要积极地说明风险，业主满意度就会上升。
年长业主（没有指定委托人） （60~65岁最后的栖息之所、两世代住宅） 	· **家庭年收入：** 800 ~ 1000 万日元以上（或者存款超过3000万日元） · **职业：** 公司经营者、干部／农家／无业（除了农家以外，妻子为全职主妇） · **孩子：** 2 人（已经能自立） · **食衣住：** 喜欢老店的产品与服务（银座或著名观光地区的餐厅、百货公司、休闲娱乐类专卖店）。也很重视朋友介绍的店。 · **兴趣：** 丈夫绘画、陶艺、DIY妻子爬山、家庭菜园、义工	· 虽然需求很普通，但很讲究东西的品质，而且意外地喜欢新事物。 · 由于业主对于名牌没有抗拒力，所以只要产品具备出色内涵的话，业主就会接受施工方的提案。 · 由于夫妇俩实际上处于「室友状态」，所以在很自然地考虑到这一点的设计方案中，各部分的独立性都很高。 · 借由在机能〈设备〉与性能方面采用最新产品，并将外观整合成正统风格的话，业主就会给予高评价。

了解整修
业主想要的设计风格

与建造新居相比，大规模整修在性能与设计规划方面，会受到限制，因此业主满意度主要会取决于室内装潢。
在这层意义上，室内装潢会比盖新居时来得重要。
在本章节中，我们会说明室内装潢的设计方式与当今的装潢风格。

虽然业主的喜好千差万别，不过大致上还是可以看出倾向。在上页中，我们把业主的倾向做了分类。在整修工程中，由于室内装潢会成为新设计的主要对象，所以我们在分类时，会以室内装潢为前提。我们之所以会透过「素材」与「详细图」这两个轴来简化设计倾向，原因在于，在一般整修实例中，空间配置并没有什么特别之处。

理由有三项：

①被视为整修对象的原有建筑物并没有什么特色。

②比起盖新居，整修工程的费用能控制在成本效益较高的范围内。

③多数实例都是能够整修的范围受到限制的公寓大厦。

由于空间配置没有变化，因此空间的风格会取决于表层的装潢设计。将这一点分成两个要素的就是右页这两个轴。

首先要突显天然素材

在「颜色素材」与「详细图」这两项要素中，说到「何者对于空间风格的影响较大」的话，答案是「颜色素材」。因此，为了掌握业主的需求，正确地问出业主喜爱的素材是很重要的。听取业主的意见会变得非常重要。

我们也不能忘了「透过语言来进行确认是没什么意义的」这一点。只透过语言来沟通的话，解释范围会过大，双方难以取得共识。基本上，我们在与业主进行确认时，必须同时使用实际的建筑物或照片等方式来呈现设计主题。

如果是已经确立风格的工务店的话，由于能够缩小客群的范围，所以设计起来会比较轻松。毕竟，透过网络或参观会等方式所得知的过去实例应该能够让业主自然地列举出设计主题，让设计师得知业主想要的空间风格。

如果设计师的风格不稳定，或是不采取固定风格的话，就必须多下一点功夫。关于这一点，建议大家先从网络或杂志等处找出可以当作主题来参考的图片，将其汇整起来。

在这个阶段，如果把设计方向的范围缩得太小的话，就可能会偏离业主的需求，所以重点在于，把范围拉大到某种程度，并大量收集资料。挑出可能会引起业主共鸣的资料，然后一一确认业主是否喜欢该图片的某处。通过累积这种工作经验，就能够制定出具体的素材提案。

地板与主题墙是重点

在素材的掌握方面，地板与主题墙会成为重点。只要能掌握这两项重点，基本上就不会出错。如同以下所示，可选择的范围会缩小至次要风格。

①现代北欧风格：亮色系的针叶木地板＋有颜色的墙壁

②现代加州风格：老木材制的地板＋很有质感的白色

③现代日式风格：无边框榻榻米＋用来当作墙壁的格子拉门

不过，在被视为当今主流的现代自然风与现代简约风中，适合用于地板建材与主题墙的素材范围也很广。希望大家一边参考后面的解说，一边找出各自的必胜模式。

舒适感会取决于细节

那么，说到「细节不重要吗」的话，倒也不是如此。设计风格的舒适感会取决于细节。如果细节与目标不相称的话，业主就会产生「虽然不差，但总觉得有点不对劲」或「虽然不讨厌，但感觉有点廉价」之类的反应。与其他公司竞争时，细节会扮演「在最后加把劲」的重要角色。

话虽如此，大致上来看，在施工方面，「清爽风格」正是最近的潮流。 感到犹豫时，朝「清爽风格」的方向来思考的话，就不会出错。

设计整修风格的分布图

丰富

颜色、素材质感

现代加州风格
California modern

老木材制的地板搭配很有质感的白色墙壁与天花板。照明器具采用工业设计。可看到少许装饰建材。

现代南欧风格
Southern Europe modern

由多种天然素材所构成，空间的色调为大地色系。采用清楚呈现细节的设计方向。

现代自然风格
Natural modern

由于天然素材所构成，整体色调为白色～大地色系。可看到少许装饰建材。

现代北欧风格
Northern Europe modern

拥有多种细微差异的白色墙壁搭配主题墙。以消除装饰建材的设计方向来进行整合。

现代日式风格
Japanese modern

把榻榻米与格子拉门等代表日式风格的素材拆开来使用。可看到少许装饰建材。

现代简约风格
Simple modern

最后加工时，全部都采用白色涂装，或是一部分使用黑色。以消除装饰建材的设计方向来进行整合。

需求最多的是现代自然风格，其次为现代简约风格。虽然需求量多，但呈现方式的自由度高，在应用上也容易发挥作用。首先，只要先理解这两种风格的话，就能轻易地掌握其他次要风格的「诀窍」。除了这两种风格以外，在技术与感觉方面，比较容易让人采纳的是现代日式风格。举例来说，我们只要在现代简约风格的空间内采用榻榻米与格子拉门，立刻就会变成现代日式风格。 另外，如果能掌握住感觉的话，现代加州风格也是既简单又容易设计。虽然在喜欢现代北欧风格的业主中，有钱人较多，不过必须采取如同设计事务所般的细腻设计。

清爽　　　　　　　细节　　　　　　　稳重

设计整修的超基本款！
彻底分析现代自然风

在大规模整修中，「现代自然风」是最普遍的风格。
由于此风格所涵盖的范围相当广，所以折中方案的制定也可说是很困难。
在此章节中，我们会把实例当作基础，
透过设计方案与装潢等层面来汇整「现代自然风」的重点。

　　「现代自然风」的起源是由纯针叶木地板与白色墙壁、外露的部分结构材料所构成的「木造住宅」。在新建住宅中，木造住宅曾风靡一时。虽然在当时，人们对这种风格感到很新鲜，不过在木造住宅大量出现后，此风格一下子就变得过时。

　　为了摆脱那种单调性，木造住宅持续地进化，于是「现代自然风」便诞生了。由于装潢建材的种类变得很丰富，而且人们会透过工作室类设计事务所的技术来使细节变得简约，因此「木造住宅」的土气获得大幅改善。

　　正因为现代自然风是最普遍的风格，所以至今仍在持续进化中。今后应该采纳并掌握的方向性是仿古风格（让东西看起来陈旧的手法）。这是因为，许多具备这类爱好的屋主所阅读的「come home!」等生活类杂志全都提出了这种方向性。

现代自然风　　Natural modern

彻底分析！
现代自然风的室内装潢

柜台桌兼收纳柜的台面采用纯水曲柳木（3片式横向拼接板）

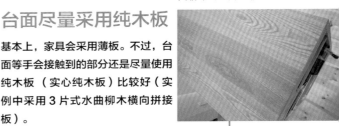

确实加上天花板收边条，或是完全不使用

在使用灰泥建材时，最好加上天花板收边条。基本上，地板收边条要与边框建材配合。使用透明涂料，或是涂成白色。

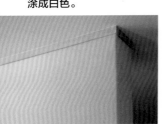

天花板收边条的细节。材质为云杉木。

边框周围的细节。材质为云杉木。

台面尽量采用纯木板

基本上，家具会采用薄板。不过，台面等手会接触到的部分还是尽量使用纯木板（实心纯木板）比较好（实例中采用3片式水曲柳木横向拼接板）。

适度地用白色来呈现墙壁的质感

在墙上涂上白色涂料，或是采用灰泥。适度地增添质感。

地板采用亮色系的针叶木

在地板木材方面，建议采用松木或桦樱等亮色系的廉价针叶木（实例中采用松木）。

地板木材采用无涂装的松木。

榻榻米区采用正方形的无边榻榻米

榻榻米区的大小约为1～1.5坪。最好采用正方形（半张榻榻米大）的琉球榻榻米。

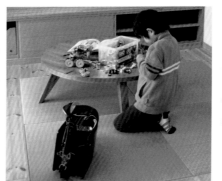

榻榻米区的矮桌可灵活运用，既能当成孩子的游玩场所，也能当成书桌。

采用榻榻米＋沙发时，可摆放多功能矮桌

设置榻榻米区时，建议在沙发旁摆放可同时当成咖啡桌的矮圆桌（圆形和室桌）。

「现代自然风」是一种能将以天然素材为主的室内装潢整合起来的风格。
通过使用多种素材来营造丰富印象的同时，
「减少树种的使用数量」与「细节的一致性」等能呈现「压抑感」的部分也很重要。

使用下照灯来当作照明器具

在贴上天花板时，照明器具基本上会采用能清楚呈现天花板表面的下照灯（实例中采用 LED）

天花板采用与墙壁相同颜色的壁纸

在成本与功能方面，建议大家在天花板上贴上壁纸。即使装潢建材与墙壁不同，由于视线距离很远，所以壁纸能够自然地融入空间。

透过小型方形建材来制作主题墙

只要使用大地色系的小型方形素材，就能轻易地组成主题墙。在实例中，我们巧妙地运用了这片可看到承重墙的墙面。

主题墙采用了马赛克石英砖。透过纵向的外侧转角来巧妙地整合墙面。

采用造型简约的白色吊灯

造型简约的吊灯与任何风格都很搭。灯罩的颜色最好使用白色。如果优先考虑性能的话，使用聚光灯也无妨。

家具、门窗隔扇采用相同树种

门窗隔扇、嵌入式家具、摆放式家具等的树种要尽量一样。最好采用栎木、水曲柳木等。即使采用的是不同部位的薄板，薄板也能轻易地融合在一起（实例中采用水曲柳木）。

在餐厅内设置大容量的收纳空间

即使采用的是封闭式厨房，也应该要在餐厅内设置一个配膳台兼收纳柜。这样就能使其成为室内装潢中的特色，厨房也不易变得凌乱。

4. 水槽前方的小窗的开放视野可以给予黑色磁砖适度的轻松感。
5. 虽然是半封闭式厨房，但只要在翼墙上设置开口，就能打造出开放的视野。

透过「开放的视野」来调整厨房的完成度

与厕所、浴室相比，厨房在排水路径与坡度等性能方面会遭遇到的问题比较少，因此在技术上，我们可以大胆地更改配置。虽然也可以采用岛型厨房等完全开放式的厨房，但在木造住宅的实例中，只要以原有的房间格局为基础，并考虑到方便性等问题的话，最后大多会采取半封闭式厨房（在公寓大厦的实例中，由于大多会把房子拆到只剩骨架，所以开放式厨房的比例会增加）。

在这种情况下，由于在视觉上，厨房与客餐厅是分开的，所以只要使用更具个性的结构工法，就会使整体印象变得丰富。此时，只要设置小窗户，适度地让墙上出现开口，就能避免沉闷的印象，使空间呈现适当的气氛。同样地，通过让「厨房与收纳柜的把手、收纳柜、骨架的连接工法」等细节变得一致，就能减少沉闷感。

1. 不锈钢台面与水曲柳木面材、黑色磁砖之间呈现出绝妙的平衡。
2. 柜门把手的细节。让该处与照片 3 的天花板之间的连接工法与可视部分呈现一致性。
3. 吊柜与天花板之间的连接工法。该部分与骨架之间看起来有如被切开一般。

自然地呈现由「无开口墙面」所构成的壁龛

在木造住宅的整修中，几乎总是能够透过无开口墙面来制作出壁龛空间。虽然这也可以说是具有整修风格的空间，不过借由让此空间看起来像是刻意制作出来的，就能让整修后的空间看起来宛如新居，并呈现出「宛如从头制作而成」的自然印象。

基本上，我们会在壁龛空间内设置小书桌与收纳柜，将其当成迷你书房或迷你家事房。基于尺寸或设计方案上的考量而难以设置这类场所时，只要设置收纳柜，就能轻易地融入该空间。此时，为了自然地呈现其外观，我们会选择把用来当作紧邻天花板的收纳空间的「无开口墙面」完全隐藏起来，或是把与收纳空间密切结合的「无开口墙面」当成主题墙来看待。

通过分散功能来让玄关变得宽敞

老房子的玄关往往都是既狭窄又昏暗。因此，在进行大规模整修时，许多业主都会想要拥有既明亮又宽敞的玄关。首先，我们要将走廊等处纳入玄关空间，使实际空间变大。有效的方法包含了「把玄关与走廊当成泥土地空间，使其融为一体，并让起居室与地板交界处的高度变得一致」等。由于实际建筑面积也会变大，而且来自其他房间的光线会照进来，所以玄关会变得很明亮。

一般来说，想要提升开放感时，设置在玄关的鞋柜、衣橱、穿衣镜等物的使用方式会是问题所在。从这一点来看，「把玄关与走廊当成泥土地空间」这种做法是有效的。借由让玄关空间变得宽敞，我们就能够把那些物品搬到与泥土地空间相邻的其他房间。如此一来，阻碍玄关变宽敞的因素就会减少。

6.从土间观看玄关。位在右侧的是厕所、浴室、书房等房间。
7.玄关侧面墙壁上设有扶手。借由双层式设计，就能让扶手看起来像鞋拔或挂伞架。
8.在朝向泥土地的书房内设置可放置外套等物的收纳空间后，玄关就会相对地变得清爽。
9.把玄关内不可或缺的穿衣镜镶在厕所拉门的墙面上。
10.在土间与LDK的交界处设置镶有玻璃的框门。把门关上后，土间部分就会呈现出旅馆般的气氛。

11.利用无开口墙面制成的迷你书房。
12.与照片1同样都是与无开口墙面密切结合的收纳空间。
13.照片2的墙壁背面被涂上磁性漆后，变成了布告栏。
14.在与收纳空间密切结合的墙面转角部位贴上原石磁砖。

现代简约风　　Simple modern

设计整修的超基本款！
彻底分析<u>现代简约风</u>

在大规模整修中，「现代简约风」的普遍程度仅次于「现代自然风」。
虽然基本上是「全白」，但此风格会持续进化，像是「白色＋具有素材质感的主题墙」、
「白色＋黑色地板」等，细微差异变得很丰富。

1

2

「现代简约风」的起源是「建筑师住宅」。2000 年时，由工作室类设计事务所亲自撰写的住宅资讯透过媒体大量地流传到各地。在个性强烈的住宅群中，名为「全白」的空间被选为一般人所喜爱的风格。

这种「全白」风格原本是一种用来传达「空间配置的巧妙」的方法，偶尔也能兼用于调整成本。一般来说，人们会将其视为一种室内设计的风格（目标）。这就是「现代简约风」。

在低成本住宅与整修工程中，人们借由把空间中的室内装潢去掉，大规模地将「现代简约风」当成一种室内装潢风格来采用，使其变得很普遍。在这方面，人们为了突显特色，所以此风格最近反而有时会变得多元化。稍微脱离「全白」的设计应该会成为今后的走向吧。

1. 虽然空间采用「全白」设计，但我们会借由设置中间色的水槽、鲜明色系的家具来整合出休闲风格。

2. 水曲柳木地板上的小地毯很显眼。小型陈设架可以有效成为白色墙面的特色。

设计：建筑设计事务所「Freedom」

彻底分析！
<u>现代简约风</u>的室内装潢

省略天花板收边条

借由采用 FUKUVI 公司的装饰建材等来省略天花板收边条。在预算较低的情况下，可填入密封剂。

省略天花板收边条，使用三角密封剂等来收尾。

在照明方面，采用下照灯，并将数量控制在最低限度

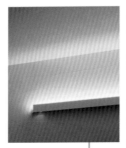

由于简约风格是最重要的，所以照明当然会采用下照灯。为了减少照明数量，所以如果能够合并使用间接照明的话，效果就会更好。

有大墙壁时，也可以采用间接照明。

天花板采用廉价的塑胶壁纸

若要追求成本效益的话，天花板就应采用塑胶壁纸。在廉价品当中，只要选择「颜色最接近纯白、具备适度质感」的产品即可。

如果追求的不是「全白」，而是白与黑（深褐）的对比时，也很适合采用木质天花板（不过，天花板高度与面积要达到某种程度才行）

透过主题墙来调整气氛

虽然有「全白」这个选择，但「设置主题墙，并采用高质感素材」也是不错的作法。我们也可以利用厨房火炉前的墙壁来缓和气氛。

厨房上方的照明采用聚光灯

由于在此处做菜时需要照度，所以要在轨道灯座上安装白色聚光灯。这种灯与休闲风格的空间特别搭。

使用吊灯时，最好采用形状既简约又有趣的产品。在高级住宅中，也很适合采用 INGO MAURER 公司的产品。

要把楼梯当成艺术作品来看待

在白色空间中，楼梯会跟家具一样显眼。只要好好地掌握要呈现的要素，就能发挥成效。透过楼梯的颜色来进行调整，使楼梯变得显眼，或是与其他部分融合。

透过厨房的表面板材来调整气氛

采用开放式厨房时，我们能够在空间内看到厨房的表面板材。我们既可以配合空间风格，用白色来使其融合，也可以采用中间色系的表面板材来缓和气氛。

相连的空间会对「全白」风格产生很大效果

在「全白」风格空间中，由于人们会轻易地注意到空间的连接，所以能够突显出客厅楼梯等开放空间的悠然气氛。为了避免空间的连接在视觉上受到阻碍，所以我们也要留意扶手的设计。

挑选家具时，要考虑特色

在白色空间中，由于地板、墙壁、天花板会成为背景，所以摆放式家具会很显眼。在休闲风格的住宅中，可以试着用颜色来增添趣味。在高级住宅中，只要摆放具有象征性的设计家具，就能成为很好的特色。

虽然「现代简约风」的基本设计是「全白」，不过也可以整合成休闲风格。
通过把隔间墙与门窗隔扇等控制在最低限度，就能发挥最大效果。
由于地板、墙壁、天花板没有存在感，所以必须要留意家具的挑选。

要如何思考空调的配置呢？

如果要追求恬淡的白色空间的话，希望大家能多留意，像是透过天花板嵌入型空调或收纳空间来把空调设备隐藏起来。在具备某种程度的颜色与素材质感的休闲空间中，虽然让空调露脸也无妨，不过还是要注意空调设备本身的形状。

在休闲空间中，虽然让空调露脸也无妨，不过如果能透过家具等物来将其隐藏起来的话，空间就会变得更加清爽。

让陈设架成为墙壁的特色

为了避免空间变得单调乏味，所以必须在墙上增添一点特色。陈设架能够有效地成为这种要素。由于陈设物的颜色与形状容易引人注意，所以会成为很自然的特色。

让地板收边条与墙壁融合

透过 FUKUVI 公司的建材或 L 型铝条来让地板收边条变得不显眼。前者很便宜，外观也和 L 型铝条差不了多少。如果屋主会在意「吸尘器的碰撞」等情况的话，可以采用高度约 30 mm 的白色木质地板收边条。

要突显家具还是小地毯呢？

在白色空间中，小地毯会很显眼。为了避免小地毯与摆放在小地毯上的家具产生冲突，所以如果要突显家具的话，就应采取「让小地毯与地板融合」的设计方向。相反地，如果要强调小地毯的话，就应采用朴素的家具。

基本上，墙壁采用壁纸。若想要偏向自然风格的话，就涂上灰泥

墙壁与天花板一样，会采用塑胶壁纸。虽然也能使用乳胶漆，不过会有裂开的风险。如果很重视「零客诉」这一点的话，最好还是避免使用乳胶漆。当预算足够，又想要营造偏自然风的气氛时，也可以采用灰浆或白色矽藻土。

也可以采用全白的家具，使其与空间融合。在这种情况下，要用其他东西来当成特色。

地板采用白色或黑色

基本上会用磁砖、木地板、长条形 聚氯乙烯膜

基本上，地板会涂成白色。若有预算的话，也可采用磁砖。磁砖要依照房间的大小来挑选，若磁砖尺寸在 300mm 见方以上的话，就能呈现出高级感。若预算较低的话，也可采用长条形聚氯乙烯膜。也可选择黑色地板。

想要采用黑色、深褐色的地板建材时，铺设木地板是最简单的方法。想要突显坚硬质感时，就要采用长条形聚氯乙烯膜或磁砖。

借由
「省略楼梯竖板＋扩大窗户」
来让楼梯间变得明亮

在需要整修的老旧住宅内，楼梯间大多都是与玄关或走廊相连的密闭空间。因此，在进行整修时，许多人都希望楼梯间能变成明亮的场所。不过，一般来说，由于在构造上、施工上有很多问题需要研究，而且设计时所要花费的工夫也会相对地增加，所以多数人都不会变更楼梯的位置。

最有效的方法为，增建具备大开口部位的空间，让光线照进楼梯间。若不想增建的话，也可以选择「楼梯下方的储藏室或厕所等移动到别处，并将楼梯改成钢骨楼梯」这种方法。借由设置钢骨楼梯，就能让光线从挑高空间照射进来，或是让光线从厕所之前所在的位置的窗户照进走廊或玄关。

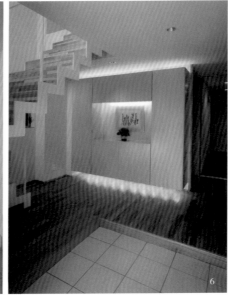

玄关是个会让人产生「狭窄、昏暗」这类不满情绪的代表性空间。如同在「自然风格的整修」这个章节中所叙述的那样，我们首先会从走廊着手。为了让空间变得更加宽敞，我们也可以采取「直接连接其他房间」这种方法。借此，就能更进一步地获得开放的视野，并使人容易觉得空间很宽敞。再者，借由与其他房间相连，从其他房间照进室内的光线就会自然地照进玄关，使玄关变得格外明亮。

在此空间内，我们只要搭配使用「上述的楼梯设计技巧」，玄关周围就会变得很明亮。如果可以的话，希望大家也要进行隔热性能方面的整修，以避免这种与各房间相连的设计造成能源上的损失。那样的话，住户也不需再担心热休克现象发生。

借由「省略玄关台阶装饰材」
来让玄关与其他房间相连，
并变得明亮

5. 在实例中，我们将玄关与走廊整合成相同高度的土间。
6. 在实例中，我们在增建区设置了较宽敞的玄关，并透过较低的台阶来连接大厅。
7. 让「与玄关相连的走廊」直接连接起居室，以呈现出宽敞感。

1. 借由设置钢骨楼梯，并把楼梯下方的收纳空间拆除，就能打造出明亮的空间。
2. 光是把楼梯改成钢骨楼梯，光线就会照到楼下，改变该处的气氛。
3. 在增建区域设置楼梯的例子。借由舒适感与空间配置来呈现空间的特色。
4. 仰望照片 3 的楼梯。借由在增建区域设置窗户，就能使楼梯间变得明亮。

借由留意
视线高度
来调整外观

8. 在此实例中，基于预算上的考量，所以只借由增建阳台部分来调整外观。从视线高度来观看该处的话，就会觉得风格有很大的变化。
9. 突显建筑物正面的整修实例。加上了崭新设计的外墙。
10. 从视线高度来观察实例 2 的话，就会觉得建筑物正面的轮廓看起来很鲜明，宛如钢筋混凝土结构。

一般来说，在进行整修时，预算的上限大约为同等级新居的七成。因此，在施工时，必须要有鹰架，而且对于「在拆除上很费工夫的外墙与屋顶」只会进行最低限度的整修，大多不会拆除那些部分。当然，也不太会去改变房屋的外观。

想要改变房屋外观时，「增建」是有效的方法。借由在原有建筑的周围建造新的外墙，就能使建筑物的外观变得焕然一新。此时，重点在于，要从行人的视线高度来思考外观的变动。

如果只整修该视线范围内的部分，就能缩小整修范围，提升施工效率。再者，当预算很少时，光是在二楼的部分增建阳台，并在阳台四周设置围墙，气氛就会彻底改变。

最新！
<u>设计风格</u>彻底研究

除了「现代自然风」、「现代简约风」以外，我们还要介绍拥有忠实支持者的次要风格的理论。
我们只要事先掌握这种变化，就能因应更加广大的客群的需求，并提升提案的丰富度。

California modern
现代加州风
设计技巧

「现代加州风」的特征为混搭风格。只要能掌握基本理论，就能进行各种应用。

「现代加州风」指的是出现在美国加州住宅内的室内装潢的总称。这种室内装潢可以营造出「度假气氛」，让人感受到海洋与干燥气候。

其特征在于，将各种要素融合在一起的风格。基本设计为，将「以老木材为首的丰富素材、铁制品，以及工业设计的照明器具」进行组合。可说是一种非常重视物件挑选的风格。

由「很有存在感的老木材地板」与「很有质感的白色」所构成的空间（NEW VINTAGE，设计：加州工务店）。

彻底分析现代加州风的室内装潢

钢制窗框、铁门、楼梯等钢铁制品都是重要的物品。为了避免发生气密性等问题，所以要将窗框用于室内的开口部位。

老木材可用于主题墙、家具、门窗隔扇。为了吸引目光，所以要设置在不会被其他东西遮住的地方。

基本上，地板会采用仿古木材地板。由于老木材的前端会出现碎裂情况，所以不使用真正的老木材。想要营造现代风格时，要透过聚氨酯涂料来突显光泽。

基本上，照明器具会采用工业设计产品复古风格产品。透过照明器具的形状与颜色来调整「气氛」。

用于水泥类的水泥砖上的白色涂装也是白色的主要变化。

在老木材上涂满白色也是白色的用法之一。贴上「保留了锯齿边的任意尺寸板材」后，再涂上涂料。

使用具有质感的白色

由于是住宅，所以我们用了许多白色，并将拥有各种风貌的白色素材进行结合。如果涂上涂料或灰泥的话，就会稍微留下毛刷或灰匙的痕迹。另外，也可以采用老木材或水泥砖等尺寸不一的素材，并在上面涂满「表面质感很有特色的涂料」。

左：涂上灰泥后，会留下细微的灰匙痕迹。

中：由于尺寸不一，所以即使在质感粗糙的老木材上涂满涂料，还是能够呈现风味。

右：涂满涂料后的水泥砖也别有风味。

照明工具采用工业设计产品

工业设计产品的种类丰富，容易挑选。

工业设计照明器具可说是 20 世纪中叶现代风格的代名词，而且十分适合此风格。由于产品给人的印象是「重视功能，且坚固」，包含了「如同有机体般的形状、色彩鲜明的产品」等设计，能够很方便地调整室内装潢的「气氛」。

积极地运用仿古风格

地板会以仿古木风格的地板为主。由于真正的老木材容易发生前端碎裂现象，而且不能装设地板供暖设备，所以我们会避免使用真正的老木材。把老木材用于主题墙与家具时，我们会透过「直接呈现粗犷质感的粗犷工法」来贴上真正的老木材。这一点就是重现「复古气氛」的秘诀。

将老木材用于主题墙时，可以呈现出不规则性。

想要偏向现代风格时，只要在仿古木材地板上涂上透明的聚氨酯涂料，就能使地板变得有光泽。

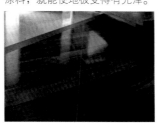

左：由于厨房吧台或厨房旁边的墙壁等处不会突显物品，所以这些场所适合采用老木材。

右：老木材制成的餐桌最适合用来营造「气氛」。不过，采用粗犷风格的施工法时，细节的收尾方式会比较困难。

由颜色明亮的松木与富有质感的白色所构成
的空间。沙发上的靠垫颜色会发挥作用。

在主题墙
使用低彩度、高亮度的颜色

如果想要一边与白色墙壁、天花板产生对比，一边与其融合的话，最好使用低彩度、高亮度的颜色。选择稍微带点灰色的亮（淡）粉红色、浅蓝色、绿色等。为了避免失败，我们可以先用较大的样品来进行确认，或是确实调查其他类似实例。

用淡粉红色灰浆来完成从书桌兼收纳柜到床铺周围的区域。

Northern Europe modern
现代北欧风
设计技巧

此风格是由「有节疤的原色木地板、有质感的白色墙壁、主题墙」所构成的。

整体上的气氛不会变得甜美，而是很优雅，同时也具备平易近人的柔和感。「现代北欧风」指的就是那种宛如会出现在 IKEA 商品目录中的室内装潢。

想要营造「优雅的气氛」时，重点在于，以原木色的木地板与白色墙壁为基调，打造出明亮空间。另一方面，细节最好要简洁，让人不会注意到装饰建材。关于厨房吧台等家具，只要让细节变得既鲜明又低调的话，就能营造出更加优雅的气氛。

想要呈现「平易近人的柔和感」时，关键在于地板木材的选择。通过刻意使用有节疤的松木，就能营造出悠闲气氛。

同时采用具有质感的白色也很重要。如此一来，虽然同样是白色，但空间的气氛会变得柔和。再者，如果在主题墙上采用温和的漂亮颜色，就能使主题墙变得华丽。

在「所有墙面都会映入眼帘的开放式设计方案」中，这种装潢建材的转换会发挥效果。由于我们能够借由素材与颜色来让人感受到「空间特性」，所以此风格与「因为受到结构限制而难以在设计方案上做出变化的公寓大厦的骨架整修」等很是搭配。

实例：光丘的松木屋（设计：村上建筑设计室）

彻底分析！现代北欧风的室内装潢

在墙壁天花板贴上平坦的天然素材壁纸（Runafaser）。为了使其与白色磁砖和杜邦可丽耐（人工大理石）产生对比，所以要让墙壁变得很平坦。

暖炉与空气净化机最好也采用白色。

沙发与靠垫其中之一采用色彩缤纷的纺织品。在空间中，纺织品能发挥强调色的作用。用靠垫来玩设计的话，就能轻易地享受更换图案的乐趣，因此很适合一般大众。

由于是白色系空间，所以间接照明的效果非常大。大家务必要考虑采用间接照明。

尽量减少照明数量，并有规则地设置照明器具。想要将空间整合成现代风格时，必须遵守这项铁规。

在天花板贴上壁纸时，可以选择省略天花板收边条，或是透过FUKUVI公司的装饰建材等来收尾，让细节变得非常不显眼。

只要使用「具有各种细微差异的白色」，气氛就会一口气改善。因此，想要提升空间的防水性或耐燃性等功能时，最好采用磁砖。

在窗帘方面，只要使用保有天然素材质感的天然窗帘，就能轻易融入空间。想要营造欢乐气氛的话，也可采用强调北欧风格花纹的窗帘。

台面采用可丽耐。在细节方面，要让台面边缘的切面看起来没有经过修饰。将台面整合成与水槽一体成型的一体化设计。

由于整体上是白色系空间，所以绿色很显眼。想要适度突显自然气氛时，此方法很有效。

地板建材适合采用松木等亮色系的针叶木。也可采用桧木、赤松木等。

摆放式家具与地板木材采用相同色调。正因为素材的气氛很温和，所以设计风格较鲜明的家具会轻易融入此空间。

将间接照明纳入照明规划中

想要让主题墙发挥作用时，空间的简洁性会显得很重要。借由使用间接照明来减少天花板表面的照明器具。由于空间内有很多白色平面，所以效果很好。使用间接照明来照射主题墙也很有趣。

只要把一般照明改成采用间接照明的「多灯分散照明方式」，就能在夜晚打造出明暗差距很柔和的舒适空间。

只要用间接照明来照射主题墙上的壁龛，就能获得「渗出效果」，打造出笼罩在颜色中的空间。

细节部分采用既朴素又鲜明的设计

在家具与装潢建材等的外观方面，会采用既朴素又鲜明的设计。「无修饰切面、表面对齐、省略装饰建材」是施工方法的基础。借此，空间内就会产生紧张感，墙壁的素材质感与色调会发挥作用。

厨房吧台。可以看到「发挥了可丽耐的尺寸准确度的台面顶部」所呈现的效果，以及脚边地板的简洁施工方法

把轨道灯座嵌入天花板表面，使两者的表面对齐。

在墙壁上采用质感丰富的白色

在此风格中，白色的质感是必要的。使用「涂装或壁纸的平坦白色、与其产生对比的白色墙壁」等约两种素材来呈现质感。也可采用「贴上磁砖、涂上灰泥、在长条状木板上涂满涂料」等方法。

表面有细微凹凸的磁砖很有效。在吧台区与其他素材之间的连接部分，采用省略装饰建材的施工法。

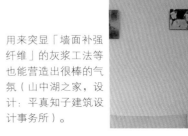

用来突显「墙面补强纤维」的灰浆工法等也能营造出很棒的气氛（山中湖之家，设计：平真知子建筑设计事务所）。

在榻榻米客厅内，总之要采用较矮的家具

榻榻米客厅是一种能够分别采用席地而坐与西式椅子的方便设计。因此，家具的选择也很重要。为了配合席地而坐的生活方式，桌子的高度约为30～35cm。在沙发方面，为了避免与坐在地上的人的视线产生差异，所以矮沙发会比较合适。

在 aiboco（相羽建设公司所设立的生活提案空间）内，我们所提出的设计方案为，在各种榻榻米客厅中生活。住户能够席地而坐，也能坐在嵌入式长椅或西式椅子上。

Japanese modern
现代日式风格
设计技巧

「现代日式风格」的理论在于，榻榻米地板、关上时能当成墙壁的格子拉门 矮桌、沙发的配置。

「现代日式风格」指的是，将日本建筑（日式房屋）所拥有的象征性要素抽出，然后直接把这些要素与现代的设计方案、各部分的设计理论结合后所产生的风格。因此，除了装潢建材等象征性要素以外，不会特意承袭日本的传统（硬要说的话，顶多只有「席地而坐」这一点）。

在结构方面，此风格类似「外国人所想出来的日式房屋」。实际上，「榻榻米床」这种哈日的外国人似乎会采用的做法很适合此风格。

在此风格中，重点在于日式房屋的各部分所具备的日本味，因此我们在整修木造古屋时，只要保留原有的和风要素，

并将其与变动部分结合，就能产生很高的效果。具体地说，就是格窗、壁龛、长条木天花板等。

另一方面，由于象征性要素（即外观的设计）是首要重点，所以此风格可以说很适合那种难以改变结构的空间，像是公寓大厦等。

基本上，不管什么年代，业主对于可以席地而坐的空间的需求都很高，而且我们会跟业主讨论「设置这种空间时，是否一定要加入和风要素呢」这一点，所以我们只要先准备丰富的设计与搭配提案，在因应业主的种种需求时，就会很方便。

生活提案空间「aiboco」（相羽建设）是一个适当地将高质感素材整合成休闲风格的现代日式风格范本。

设计：小泉日用品店

铺设榻榻米时，要进行调整

最能让人感受到和风的素材就是榻榻米。不过，在设计「现代日式风格」的空间时，必须稍微做改变。像是「省略布边」、「把预制组件改成正方形等」、「改变榻榻米席面的颜色」等。

左：榻榻米席面的颜色种类很多，也能订制组合式榻榻米。黑色（深灰色）与采用柚木或木瓜海棠等地板建材的雅致空间很搭。

右：锛子削凿风格的木地板也能适度地营造出日式气氛。

在尺寸上能够横放的榻榻米长椅或榻榻米床也是不错的选择。由于是摆放式家具，所以可灵活运用，适合用于整修（HANARE）。

透过灰泥墙的防护建材来突显手工质感

能让人感受到手工质感的装潢建材也是用来呈现和风的要素之一。最好不要采用装饰性的装潢建材，而是要采用具备功能性要素的装潢建材。用硬木制成的灰泥墙转角防护建材、腰壁的防护建材等都很推荐。

在此实例中，我们会透过「在茶室等处会见到的护墙板的施工诀窍」来使用椴木胶合板（VEGA HOUSE）。

在此实例中，我们会透过细木条来保护灰泥墙的外侧转角（VEGA HOUSE）。

调整格子拉门的标准尺寸

格子拉门与榻榻米一样，能让人感受到强烈日式风格。与榻榻米相同，格子拉门也需要进行调整。依照常规，我们会如同「吉村式格子拉门」那样，让竖梃与窗梃的尺寸一致，使其看起来像一扇格子拉门，并在两面都贴上和纸，让窗梃变得较不显眼。

吉村式格子拉门关上后，看起来就像一扇格子拉门，给人一种很简洁的印象。

借由用和纸来覆盖窗框与窗梃，就能让拉门看起来像一面墙。使用 WARLON 拉门纸来取代和纸的话，就能更进一步地呈现出现代风格。

彻底分析！ 现代日式风格 的室内装潢

在门窗隔扇方面，采用悬吊门，把滑轨嵌入天花板，让悬吊门看起来直接连接天花板。

在门窗隔扇与家具等处使用木质类的表面板材时，软木能够顺利地与其融合。

这种高度较低且保留木材质感的沙发即使放在榻榻米上，也能顺利地融入其中。

「榻榻米客厅」铺设的是无布边的琉球榻榻米。比起弄成双色格子花纹，还是整合成平淡风格会好。

天花板照明采用下照灯，尽量将天花板表面整合成简约风格。

缩减收纳柜棚板的正面部分的尺寸，并让长宽尺寸变得一致。

在隔间收纳柜的上方保留开口，以突显「房屋骨架与收纳柜边框是分开的」这一点。借此就能突显简洁的印象。由于施工方法很简单，所以很适合用于整修。

「吉村式格子拉门」与现代风格空间很搭。现代日式风格的标准配备。

当正面的面积很小时，具有较强烈的木纹或节疤等质感的部分会成为空间中的特色。

灵活运用素材与零件
来让厨房变漂亮

最近，在 LDK 相连的房间格局中，厨房是很重要的室内装潢要素。
尤其是从餐厅或客厅所看到的厨房外观。
厨房外观会大幅影响 LDK 空间中的室内装潢的「成败」。
在本章节中，我们会将厨房视为室内装潢，并说明厨房的整合方式。

借由与餐厅相连，厨房的外观就会改变

依照厨房的配置方式，从餐厅或客厅所看到的厨房收纳柜与吧台等外观就会不同。
尤其是收纳柜，由于收纳柜的设置方式会产生很大的变化，所以必须多留意。

厨房正对餐厅时所呈现的外观

在餐厅这边设置可自由开关的收纳柜，放置用来装菜肴的餐具与小东西，这样厨房就不易变得凌乱，使用起来也很方便。

由于吊柜也很容易吸引目光，所以要留意此处的搭配。

在此类厨房中，厨房设备与吧台的表面板材会表现在室内装潢上。如同理论那样，在选择表面板材时，要考虑到与地板、餐桌之间的协调性。采用相同色系是最简单的方法。

厨房与餐厅并列时所呈现的外观

采用这种厨房时，要把后方的收纳柜兼吧台延伸到餐厅，使其成为餐厅的收纳柜。

由于可以清楚看到厨房设备与吧台的侧面，所以要多留意素材与颜色的挑选。

从餐厅与客厅可看到很多部分，所以间接照明也会发挥作用。

火炉旁的墙壁大多会很显眼。在思考与室内装潢的搭配时，将其设计成主题墙也是个有效的方法。

上图：光丘的木瓜海棠木屋　下图：Nico-House（两者的设计皆为：村上建筑设计室、摄影：渡边慎一）

掌握现今的厨房风格

随着室内设计的多样化，厨房的设计也持续不断变得丰富。 在这些设计中，我们试着挑出了几种通用性较高的风格。

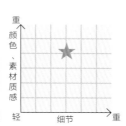

突显手工质感的自然风厨房

透过「木匠所制作的收纳柜」与「门窗隔扇专家所制作的门」来打造出很有工作室风格的厨房。

这是一种从所谓的「木造住宅」中延伸出来的风格，与现代自然风、现代日式风格等空间都很搭。透过「椴木胶合板制的装饰边框」来压住的柜门是重点（相羽建设）。

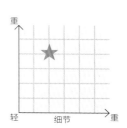

增添了压抑感与高级感的自然风厨房

一边透过柜门的表面板材来呈现木材质感，一边采用不锈钢制的吧台台面与抽油烟机，就能避免空间的气氛变得过于甜蜜。前方的吧台能呈现纯木材的厚度，并营造出适度的高级感（村上建筑设计室）。

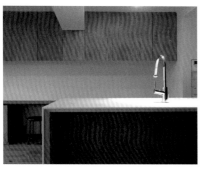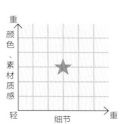

带有适度鲜明风格的现代风厨房

柜门等能突显椴木胶合板的木材质感，并借此来营造出自然气氛。相对地，从吧台到侧板的部分则会透过可丽耐的切面来营造鲜明的印象。在这种厨房内，素材的温和质感与线条的锐利风格会互相融合，呈现出适度的紧张感（村上建筑设计室）。

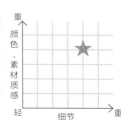

透过色调来增添甜蜜气氛的现代风厨房

虽然此厨房是由「经过镜面处理的柜门」与「人造大理石制的台面」等工业素材所组成的，不过我们只要透过白色与柔和色调，就能使其呈现出柔和气氛。借由使用较明亮的中间色来整合厨房周围的墙壁，就能让厨房兼具现代风与柔和气氛 （mocohouse）。

　　近来，开放式格局成为住宅的主流，位于ＬＤＫ正中央的厨房也变得不罕见。因此，我们不能只把厨房当成用水处，也必须将厨房纳入室内装潢要素来思考。尤其是在进行整修时，由于在格局与性能方面，业主无法感受到新居等级的「订製感」，所以业主会强烈倾向于透过室内装潢来满足这一点。我们就算说「从室内装潢的观点来看，业主所要求的品质比新居还要高」，也不为过。

　　把厨房视为室内装潢要素来思考时，「从餐厅或客厅所看到的厨房外观」这一点很重要。如同P90中的照片那样，

当餐厅与厨房相连时，收纳柜的设置方式也会改变，能明显看到的部分也会不同。根据这种外观上的差异，厨房吧台与收纳柜表面板材等的搭配、设计上的处理方式就会产生变化。

　　基本上，我们会让厨房与空间的整体风格融合。我们透过这种观点整理出了P92～94的素材图表。我们会依照颜色、素材质感与细节这两个轴，来为各种「吧台材质、表面板材、火炉前方的装潢建材」加上数值。只要这些项目的平均值（坐标轴）与空间的整体风格的平均值（坐标轴）吻合的话，应该就能顺利地使其融合。

基本上，台面会采用［白·黑·不锈钢］

由于台面的面积很大，所以台面会对室内装潢产生很大的影响。
颜色与素材质感当然不用说，边缘部分的细节也会对印象产生影响。最好要取得两者的平衡，并使其融入空间内。

不锈钢

具有工业制品的独特坚硬质感。只要使用至少 1.2mm 圆以上的厚度的话，虽然外观不会改变，但会给予使用者一种高级感。

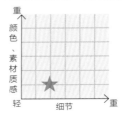

人造大理石 / 白色

台面的王道。特色为，虽然业制品，但具备某种程度的厚由于切口很整齐，所以也能锐利度。

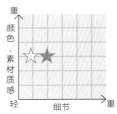

人造大理石 / 中间色

在现代北欧风等风格中，使用中间色来与空间融合也是不错的选择。此时，颜色种类较多的人造大理石是很方便的素材。

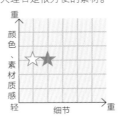

马赛克磁砖 / 黑色

适度地混合了「颜色所带来重感」与「细接缝所呈现的感」。脏污不明显也是特征之

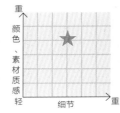

马赛克磁砖 / 白色

由「白色所呈现的清洁感」与「细接缝所呈现的可爱感」构成，适用于广泛风格，是很方便的素材。

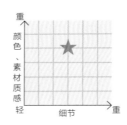

大理石 / 白色

只有天然素材才能呈现出这有深度的素材质感。切面的度也很出色。适合用来呈现感与高级感。

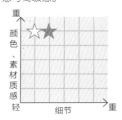

花岗岩 / 黑色

在「既坚硬又能呈现出厚重感」方面，排名第一。切面也能呈现出锐利度。由于个性很强烈，所以对于空间性质很挑剔。

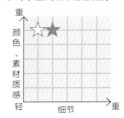

非洲玫瑰木

由于金额与保养方面的因素以实例较少。使用防水性很南洋木材也是一种有趣的选切面也能呈现出锐利度。

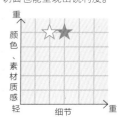

表面板材采用［木材或白色］

植门的表面板材大多会采用木质类板材、美耐板、涂装板材等。
表面的颜色、素材质感当然不用说，「做成平面门或框门」与「有无装饰边框」等因素也会对柜门的印象产生很大的影响。

椴木胶合板（有装饰边框）

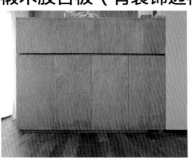

虽然同样都是椴木胶合板，但只要进行涂装，质感就会一口气增高。另外，如果不使用装饰边框，细节就会变得锐利。

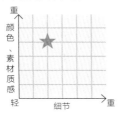

椴木胶合板（无装饰边框）

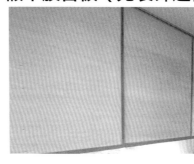

均质的明亮木质类素材。与任何风格的空间都很搭。透过装饰边框来调整细节的厚重感。

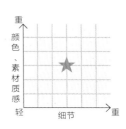

胡桃木（无装饰边框）

高级树种的薄板拥有出色的存在感。不使用装饰边框，并让细节变得很简洁的话，就能打造出现代自然风格。

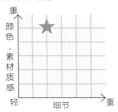

杉木（纯木）

想要采用自然风空间时，纯木的抽屉与柜门会发挥极大效果。前面板的边缘经过处理后，质感就会大幅改变。

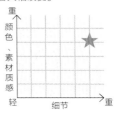

松木（框门）

木纹很清楚的框门会营造出强烈的自然气氛。想要搭配偏现代风的空间时，需要下一点功夫。

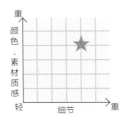

壁纸（有装饰边框）

想要让表面板材融入空间时，也可以选择贴上壁纸。在这种情况下，使用装饰边框可以让板材看起来不会很廉价。

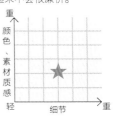

美耐板（无装饰边框）

均质的纯白色所呈现的清洁感与任何空间都很搭。无论想要走自然风还是现代风都行，可说是很方便的素材。

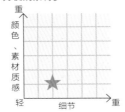

白色涂装（框门）

虽然涂成白色的纯木框门的色彩与素材质感并不强烈，不过只要透过边框所具备的象征性，就能轻易地呈现出自然气氛。

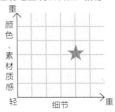

厨房前方的墙壁采用〔白·黑·金属〕

虽然厨房周围的装潢建材需具备耐燃性，但我们只要使用磁砖与耐燃装饰板，表现的自由度就会变高，尤其是磁砖。磁砖能够有效地增添柔和感或厚重感，尺寸、颜色、形状也很丰富，用起来很方便。

不锈钢

坚硬的质感最适合用来让气氛变得拘谨。只要与颜色素材质感很强烈的素材搭配，就能用于偏自然风的空间。

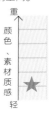

镀铝锌钢板 / 镀膜色

坚硬的无涂装质感也很有趣于有各种颜色，所以很容易配。能够吸附磁铁，很方便

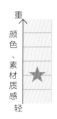

耐燃美耐板 / 白色

其特征为，均质与干净的白色。由于容易与各种素材搭配，所以想要让气氛偏现代风时，会很有效。

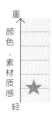

玻璃

具备硬度、均质特性、透明的中性素材。与颜色、质感强烈的素材很搭，可做出各变化。

马赛克磁砖 / 白色

此素材适度地融合了清洁感与可爱感，用起来很方便依照搭配方式，能够适用于各种风格的空间。

马赛克磁砖 / 多色混合

颜色、素材质感都很丰富借与坚硬的素材搭配，就能调平衡，发挥其特性。

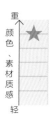

磁砖 / 黑色

虽然色调很厚重，不过由于磁砖也拥有陶瓷器的质感，所以依照搭配方式，使用范围很广，与自然风、现代风等都很搭。

磁砖 / 白色

具备清洁感与陶瓷质感，能造出中庸气氛。其气氛会受产品质感的大幅影响。

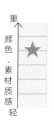

［ 空间风格 X 厨房 ］搭配术

将 P92 ~ 94 所汇整的各部位素材组合起来后，如果所得到的平均坐标（数值）很接近空间整体的坐标（数值）的话，素材就会融入空间内。在此，我们会举出三个范例，希望可以当作大家的参考。

设计风格分布图

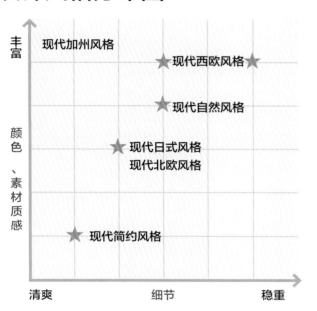

检查最初采用的风格的坐标轴。以现代北欧风格为例，颜色、素材质感的数值是 3，细节的数值是 2。在搭配吧台与表面板材等素材时，只要接近此数值，就不会出错。

现代自然风格的提案实例

○ 墙壁

马赛克磁砖（多色混合）：
颜色、素材质感 5

采用「存在感强到足以当成主题墙」的素材

○ 台面

马赛克磁砖（白色）：
细节 3 颜色、素材质感 3

白色磁砖拥有中间色的边缘与素材质感，与现代自然风很搭。

○ 表面板材

椴木胶合板（有装饰边框）：
细节 3 颜色素材质感 3

让装饰边框露出来，稍微强调细节的存在感，以避免风格过于偏向现代风。

○ 验证搭配效果

现代自然风空间的指标：
细节 3 颜色、素材质感 3
墙壁 × 台面 × 表面板材的平均数值：
细节 3 颜色、素材质感 4

数值完全一致，成了王道的自然风厨房。

现代加州风格的提案实例

○ 墙壁

磁砖（黑色）
颜色、素材质感 4

素材的存在感很强烈，与能发挥素材质感的现代加州风也很搭。

○ 台面

大理石（白色）
细节 2 颜色、素材质感 5

大理石具备强烈的素材质感与锐利的切面，能够适度地使气氛变得较拘谨。

○ 厨房

松木（框门）
细节 4 颜色、表材质感 5

拥有纯木质感的松木框门。仿古涂装等也很适合此风格。

○ 验证搭配效果

现代加州风空间的指标：
细节 3 颜色、素材质感 5
墙壁 × 台面 × 表面板材的平均数值：
细节 3 颜色、素材质感 4.7

大致上与空间整体的风格一致。由于素材质感稍微带有压抑感，所以也可以搭配「能给人强烈印象的照厨器具」。

现代北欧风格的提案实例

○ 墙壁

透明玻璃
颜色、素材质感 2

兼具均质特性与感质的玻璃，与重视压抑感的现代北欧风很搭。

○ 台面

人造大理石
细节 2 颜色、素材质感 3

人造大理石也兼具均质特性与质感。现代北欧风格的基本素材。

○ 表面板材

椴木胶合板（无装饰边框）
细节 2 颜色素材质感 3

在木质类薄板中，只要透过简单的细节来采用具备均质特性的端木胶合板，就能与空间的气氛融合。

○ 验证搭配效果

现代北欧风格空间的指标：
细节 2 颜色、素材质感 3
墙壁 × 台面 × 表面板材的平均数值：
细节 2 颜色、素材质感 2.7

由于颜色、素材质感稍微带有压抑感，所以我们可以在台面的形状与柜门的金属器具上做变化。

可用于整修，且具备设计风格的水龙头零件

在整修提案中，有特色的提案的关键在于厨房。而且在厨房设备中，从机能，性能，设计这三项要素来看，
需具备最高水准的部分就是水龙头零件。以下会介绍能让现今的屋主感到赞叹的优秀产品。

优秀的水龙头零件

○ VOLA 冷热水混合式水龙头

价格： 以非拉出式水龙头来说，算是有点贵（89000 日元）

设计： 很符合 VOLA 风格的简约设计。由于尺寸不怎么大，质感又高，所以也很适合用于岛型厨房等开放式厨房。

操作性： 虽然把手略小，但只要用习惯的话，就没有问题。

耐久度： 虽然尺寸较小，但很耐用，也不太需要担心产品会停产。

其他： 喜欢建筑设计的业主经常采用。

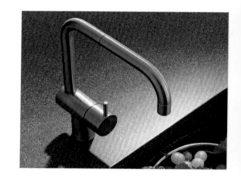

○ VOLA 壁挂式水龙头

价格： 非常昂贵（157500 日元）

设计： 以壁挂式水龙头来说，设计很简练。

操作性： 水龙头可转动，握把也略大，所以操作性并不差。当水龙头必须设置在墙上时，会是个方便的选择。

耐久度： 要注意墙壁的耐久度与防水性。

其他： 由于要嵌入墙壁，所以必须多留意施工部分。

○ Arabesk（grohe）

价格： 便宜（28833 日元）

设计： 传统的双开关设计，能够呈现复古气氛。

操作性： 由于无法用单手调整温度，而且要抓住握把才能转动开关，所以不适合在烹饪时使用。

耐久度： 结构很简单，所以问题应该很少。

其他： 此类型水龙头的需求意外地多。

○ VOLA AVA（KWC）

价格： 便宜（44000～62000 日元）

设计： 虽然形状很普通，但握把部分等细节的设计很洗练。左边的是淋浴式，莲蓬头部分的设计风格有点过于强烈。

操作性： 使用淋浴式水龙头时，把莲蓬头的水量开到最大的话，虽然水会四处飞溅，不过可以轻易地洗去餐具的脏污。操作性的评价很好。

耐久度： 由于是瑞士制造，精密度又高，所以值得期待。

其他： 可以和洗手台的水龙头进行搭配。

○ SIN（KWC）

价格： 昂贵（107000 日元）

设计： 高度较高，形状简约洗练。前端可拉出来当作喷雾器。

操作性： 由于出水口朝向正下方，所以水不太会四处飞溅。操作性良好。

耐久度： 由于是老字号的瑞士厂商，所以值得期待。

其他： 是今后会让人想要使用的水龙头。

※ 从具备完善维修体制等服务的公司中挑选

Minta （grohe）

价格： 略便宜（45000 ～ 72000 日元）

设计： 外观的质感有一致性，形状也很简约，没有奇怪的特征。不会阻碍其他部分的设计。

操作性： 由于出水口朝向正下方，所以出水口的高度虽然高，但水不太会飞溅。拉出式水龙头的造型简约，也可当作喷雾器。

耐久度： 长期热销。由于目前没有出现问题，所以被视为值得信赖的产品。

Axor Citterio/Talis S2 Variarc （Hansgrohe）

价格： Axor Citterio/ 有点贵（85000 ～ 90000 日元）
Talis S 2 Variarc/ 便宜（39800 ～ 69800 日元）

设计： 造型细长，风格较刚强。拉出式水龙头的出水口形状很特别。出水模式切换按钮的质感有点可惜。

操作性： 由于可以变成拉出式莲蓬头，所以很方便。不过，由于出水口的角度比较大，所以使用者要注意飞溅到身体前方的水。

耐久度： 由于是制作高质感产品的厂商，而且触感也很扎实，所以值得期待。

优秀的手持式莲蓬头

Tara Refined （高度较高的款式、dornbracht）

价格： 非常昂贵（179900 日元）

设计： 虽然外形又大又显眼，不过 DORNBRACHT 公司的产品非常有质感，所以有助于提升高级感。

操作性： 想要洗去餐具上的脏污时，很方便。

耐久度： 由于是以品质为卖点的高级品牌，所以很值得期待。

Tara Refined （高度较低的款式、dornbracht）

价格： 昂贵（8770 日元）

设计： 外形小巧，可设置于吧台。由于质感高，尺寸又小，所以不会阻碍周围的设计。

操作性： 台面似乎容易变脏。

耐久度： 由于是以品质为卖点的高级品牌，所以很值得期待。

优秀的毛巾杆、扶把

System 02 （emco）

价格： 昂贵（24000 日元）

设计： 长度为 850mm。底座也很低调简约。光泽感很出色

操作性： 可用于用水处，也可以用来吊挂各式厨房用品。

耐久度： 由于可以吊挂各式物品，所以应该很坚固。

ATTEST （IKEA）

价格： 非常便宜（2 个 290 日元起）

设计： 虽然细部的做工比较粗糙，不过由于素材很好，所以并不明显。

操作性： 精细度略微不足，所以安装比较麻烦，不过操作性并不差。由于角落是圆的，所以衣袖不容易被钩住，很安全。

耐久度： 很坚固。

整理老旧 3LDK 公寓的
[基本房间格局]

「屋龄 10～25 年，3LDK，75m² 」。这就是会成为整修对象的公寓大厦的平均状态。 这种公寓大厦的设计方案很典型，我们可以轻易地用理论来说明变更设计方案的技巧。
我们会以「通风与动线的洄游性」为主轴，试着整理「常见的公寓大厦房间格局的变更技巧」。

变更用水处时的注意事项

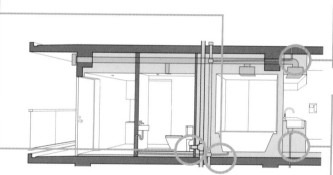

浴室
· 地板高度会随着存水弯的形状而改变。
· 只要移动到下层的非浴室场所时，住户就会抱怨漏水问题，所以要注意防水性。
· 在老旧磁砖浴室内，当管线位在混凝土地板上方，且铺设在混凝土中时，管线就会变得很难更换。

厕所
· 由于污水管的口径很大，所以只要一移动位置，地板就会变得容易上升。
· 当马桶是直接透过横向排水管来连接纵向排水管时，厕所会变得更难移动。
· 当厕所移动到起居室上方时，要多留意排水管。

厨房换气扇
· 换气路线会受限于横梁上的套管的位置。
· 依照换气扇的种类，也要确认天花板内部空间。

厨房
· 厨房与供水、热水供应、排水、瓦斯、电力、通风等众多设备有密切关联。
· 在直贴式地板（没有铺设基底）中采用岛型厨房时，必须注意管线的路径。
· 要考虑到楼下的住户，并采用排水管防水对策。

3LDK 格局的常见问题

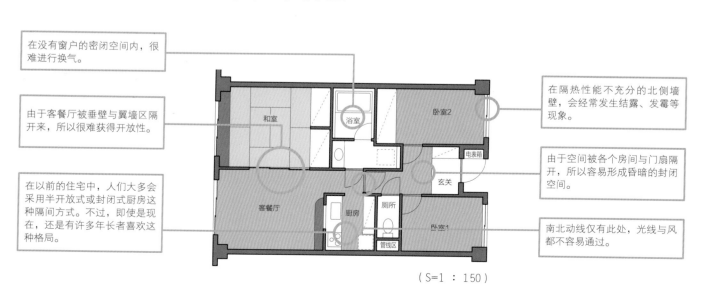

在没有窗户的密闭空间内，很难进行换气。

由于客餐厅被垂壁与翼墙区隔开来，所以很难获得开放性。

在以前的住宅中，人们大多会采用半开放式或封闭式厨房这种隔间方式。不过，即使是现在，还是有许多年长者喜欢这种格局。

在隔热性能不充分的北侧墙壁，会经常发生结露、发霉等现象。

由于空间被各个房间与门扇隔开，所以容易形成昏暗的封闭空间。

南北动线仅有此处，光线与风都不容易通过。

（S=1：150）

房间格局调整的基础 1 ［采用固定的浴室位置］

- 开放式厨房很受年轻家庭喜爱。
- 味道容易扩散，厨房的脏污也容易变得明显。
- 由于设备管线会延伸到地板上方，所以要多留意管线的路径。

- 尽量消除隔间墙。
- 尽量消除垂壁、翼墙、门槛 等会成为空间界线的物体。
- 把空间当成个人房时，要考虑采用可动式隔间墙。

当作 LDK 来使用时，在房间配置上，要先让厨房与餐厅相连，再让客厅与餐厅相连，不要让人可以从客厅把厨房看得一清二楚。

只要提升地板的高度，就能移动浴室。不过，要注意水排到下层时所发出的声音。

由于污水管的因素，所以厕所很难远离原本的位置。

在具备洄游性的设计方案中，风与阳光都能顺利通过室内。

- 步入式衣橱可以收纳各种大型物品。
- 只要把步入式衣橱设在玄关与厨房之间，就能取代食品储藏室，并改善食材的动线。

- 拉门打开时，施工完成度看起来会比较高。
- 把平常用不到的走廊等处纳入房间，使空间相连。
- 改用悬吊式拉门，不设门槛，让地板相连，以获得整体感。

（S=1：150）

房间格局调整的基础 2 ［变更浴室位置］

可以同时当作配膳台的吧台柜与吊柜。借由将厨房与餐厅的收纳柜相连，住户就能依照当时的容量来持续收纳家庭用品、餐具类等物品。

将厨房吧台摆成横的，让做家事的动线能够成为一条直线。也可以在吧台旁吃点心。

面朝南侧的客餐厅。若把日式客厅当成餐厅的话，就能打造出宽敞舒适的客厅。

更改厕所的方向，并在厕所与管线区之间设置壁橱。只要把壁橱设计成能从两边打开，通风性就会变好，而且还会产生新的动线。

把浴室移动到走廊这边，使其与「用玻璃隔开的盥洗室」相连，打造出明亮且通风良好的浴室。即使此方法符合住宅管理契约，不过由于下层是寝室，所以还是要注意排水声。

- 为了弥补收纳量，所以会把下方做成收纳空间，使空间内的地板高度变得不同。
- 很适合想要榻榻米的人。
- 也会成为有设置和室椅或坑式暖桌的餐厅。
- 由于很多人在用餐后，会躺在沙发上小睡片刻，所以此空间也能取代大沙发。

（S=1：150）

与独栋住宅相比，公寓大厦的房间格局非常典型，因此我们只要观察过整修对象的话，就因此我们只要观察过整修对象的话，就能轻易地用理论来说明。

性能的改善与洄游性有关联

我们首先要说明的是，改善通风、采光、隔热性能等公寓大厦的弱点。由于窗户的配置无法改变，所以我们要尽量消除隔间墙，借由开放式的房间格局来让光线进到房间深处。

通风性也是一样，我们要尽量地把走廊纳入起居室，并把用来区隔各空间的门窗隔扇改成能够收起的拉门。借由

「把储藏室改成可从两边的两个房间进入的缓冲空间」等方法，就能打造出让风从走廊流向阳台的通道。

虽然隔热性能与设计方案没有直接关联，不过当我们想要透过这种宽敞的房间格局来降低能源费用时，可以借由加强窗户周围与北侧墙壁等处的隔热性能来提升效果。这样做不仅能降低能源费用，还能改善舒适度，所以我们希望大家能够积极地去研究「加强隔热性能」这一点。

这些方法的效果相当大，可以让空间变得非常舒适。另外，由于这种格局变更方式与「让空间拥有洄游性，使空间产生变化，改善做家事时的动线」的方法也很搭，所以可说是一石二鸟。

整理老旧木造住宅的 [基本房间格局]

在整修对象中，木造住宅的格局虽然没有公寓大厦那么典型，但我们还是可以将其房间格局分成几种类型。在本章节，我们对「把『建商型房间格局』、『旧式的工务店型房间格局』、『农家型房间格局』更改成现今的房间格局时的观点」进行了整理。

● 房间格局变更的基本观点（表1）

需求	方法	具体实例
宽敞	连接房间	将 LDK 合并。将儿童房等与二楼的房间合并。将盥洗室与浴室合并。
	把走廊纳入其他部分	把走廊纳入客厅范围。把走廊纳入玄关范围（改成 泥土地等）
	把壁橱纳入其他部分	活用儿童房等处的壁龛空间。
明亮	连接房间	把光线引进住宅深处。
	把楼梯改成钢骨楼梯	采用钢骨楼梯，让楼梯下方变成开放式空间。如此一来，玄关大厅就会变得明亮。
	设置挑高空间	让上层的光线照到下层。
	在增建区设置大窗户	由于扩大窗户尺寸是很辛苦的工程，所以要妥善利用增建区。
坚固	增设承重墙	由于很难透过外墙线来增设，所以要在内侧增设。视情况，要让斜支柱暴露在外。
	补强地板	更换横梁、增设横梁补强建材（加工过的木材、钢骨）、采用钢筋水泥地板。

● 最好不做变更的部分（表2）

	对象	理由
最好不要更动	外墙、屋顶	包含鹰架在内，工程很花钱。
	开口部位的位置、大小	如果要翻修窗户周围的话，漏水的风险就会提高 所以除了要整修外墙时，最好不要更动窗户周围。
尽量不要更动	楼梯位置	由于要重新更换地板，所以很花钱。
	厕所、浴室位置	由于该处会影响供排水设备、化粪池等的相对位置，所以有可能会变成大规模的工程。

在变更木造住宅的房间格局时，会受到构造、设备、防水性这三项要素的限制。

在构造方面，「满足壁量（注：壁量指的是承重墙的抗震、防风性能）」是首要的大前提。

问题在于，想要增加周围壁量时的情况。如果不把墙壁拆掉的话，就无法建造新的承重墙。除了重建外墙的情况以外，都会产生追加费用，发生漏水现象的风险性也会上升。因此，我们会在外墙内侧设置结构外露的斜支柱。

同样地，我们有时并无法清除承重支柱，而是必须进行补强。在设计方案上，整修的重点在于，如何让这种不必要（不自然）的结构要素看起来很自然。一般做法为，让迷你书房或收纳空间与该处紧密结合。

我们要尽量避免变更楼梯位置。这是因为，虽然在技术上是可行的，不过包含事前调查、补强在内的设计施工会相当繁杂。

在用水处的移设方面，浴室与厕所的排水会成为问题。虽然移动距离在2m以内时，不会造成问题，不过进行大幅迁移时，管线的斜度就会成为障碍。尽可能不要过于偏离原本的位置。

「更改窗户的设置地点」与防水性有密切关联。除了重建外墙的情况以外，实际上能做的仅止于提升尺寸。在这种情况中，由于防水线会在施工过程中被切断，所以在施工时，必须要很谨慎才行。

在建商型住宅中，要把走廊纳入起居室，并让 2 楼成为 开放式空间

建商型住宅房间格局的特征为，走廊在中央。
设计重点在于，如何把这个走廊空间纳入起居室。

整修前

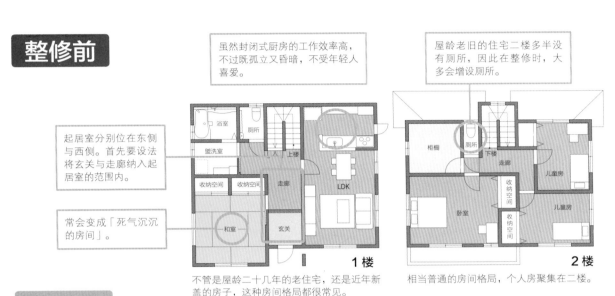

虽然封闭式厨房的工作效率高，不过既孤立又昏暗，不受年轻人喜爱。

屋龄老旧的住宅二楼多半没有厕所，因此在整修时，大多会增设厕所。

起居室分别位在东侧与西侧。首先要设法将玄关与走廊纳入起居室的范围内。

常会变成「死气沉沉的房间」。

不管是屋龄二十几年的老住宅，还是近年新盖的房子，这种房间格局都很常见。

相当普通的房间格局，个人房聚集在二楼。

整修后

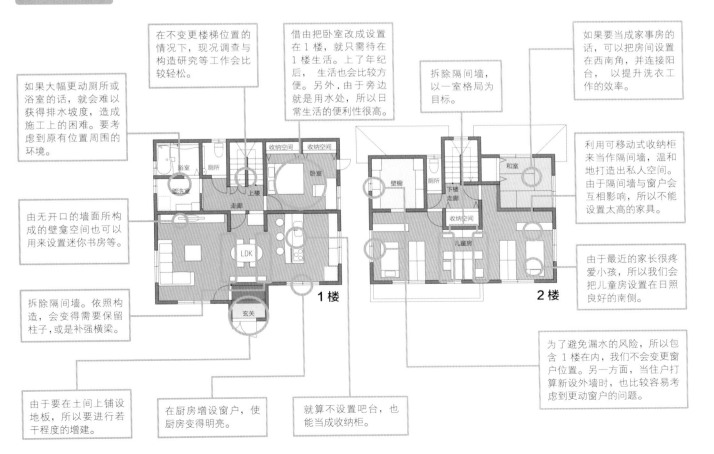

在不变更楼梯位置的情况下，现况调查与构造研究等工作会比较轻松。

借由把卧室改成设置在 1 楼，就只需待在 1 楼生活。上了年纪后，生活也会比较方便。另外，由于旁边就是用水处，所以日常生活的便利性很高。

拆除隔间墙，以一室格局为目标。

如果要当成家事房的话，可以把房间设置在西南角，并连接阳台，以提升洗衣工作的效率。

如果大幅更动厕所或浴室的话，就会难以获得排水坡度，造成施工上的困难。要考虑到原有位置周围的环境。

由无开口的墙面所构成的壁龛空间也可以用来设置迷你书房等。

利用可移动式收纳柜来当作隔间墙，温和地打造出私人空间。由于隔间墙与窗户会互相影响，所以不能设置太高的家具。

拆除隔间墙。依照构造，会变得需要保留柱子，或是补强横梁。

由于最近的家长很疼爱小孩，所以我们会把儿童房设置在日照良好的南侧。

由于要在土间上铺设地板，所以要进行若干程度的增建。

在厨房增设窗户，使厨房变得明亮。

就算不设置吧台，也能当成收纳柜。

为了避免漏水的风险，所以包含 1 楼在内，我们不会变更窗户位置。另一方面，当住户打算新设外墙时，也比较容易考虑到更动窗户的问题。

在工务店型住宅中，把零碎的房间格局合并，使空间变得开放

在以前的工务店型住宅中，常会看到「起居室并列在单侧走廊旁边」这种格局。
我们必须一边满足壁量，一边设法让房间相连。

（S＝1：150）

整修前

在地方工务店所建造的住宅中，这种格局很常见。在屋龄老旧的建筑中，常会见到这种情况。

这种房间格局去除了建商式的呈现手法，而且很重视施工性。

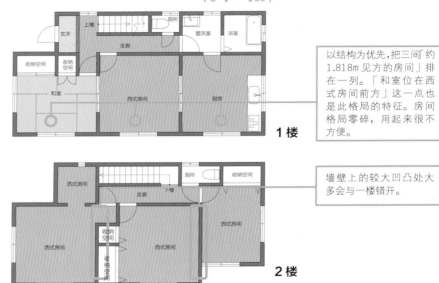

以结构为优先，把三间「约1.818m见方的房间」排在一列。「和室位在西式房间前方」这一点也是此格局的特征。房间格局零碎，用起来很不方便。

墙壁上的较大凹凸处大多会与一楼错开。

整修后

采用有土间的设计方案时，也可以把土间当成从玄关那边延伸过来的收纳空间。在这种情况下，希望大家能够增建玄关前方的空间。

如果能够增建玄关的话，也可以把玄关、走廊部分设计成有铺设磁砖等的土间。

也可以移动厕所，把楼梯改成钢骨楼梯，以提升亮度与通风性。

把一半空间当成玄关收纳空间时，另一半会变成步入式衣橱。

由于是小而精致的住宅，所以如果想要让厨房变得充实的话，也可以选择省略沙发，改成在餐桌旁休息。

把走廊空间纳入起居室。

利用壁龛空间建造而成的读书空间。

也可设置具备收纳量的书架或壁橱等。

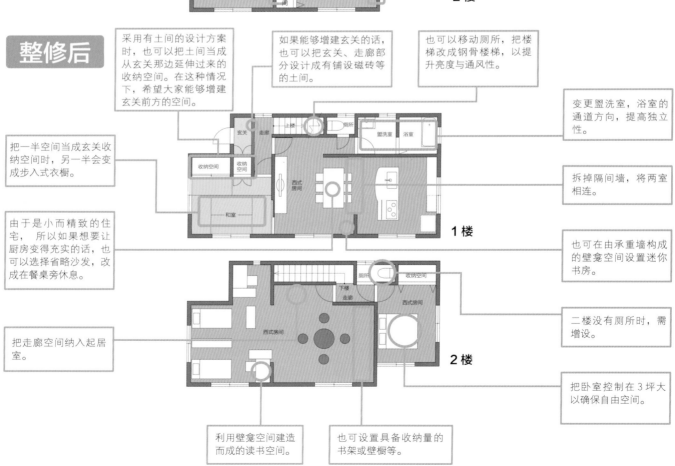

变更盥洗室、浴室的通道方向，提高独立性。

拆掉隔间墙，将两室相连。

也可在由承重墙构成的壁龛空间设置迷你书房。

二楼没有厕所时，需增设。

把卧室控制在3坪大以确保自由空间。

在农家型住宅中，要增设墙壁，并改善用水处的动线

农家型住宅的特征为，连接南面大开口的日式客厅。
我们的基本做法为，一边消除「壁量不足、偏心率高」等问题，一边改善用水处与起居室的关系。

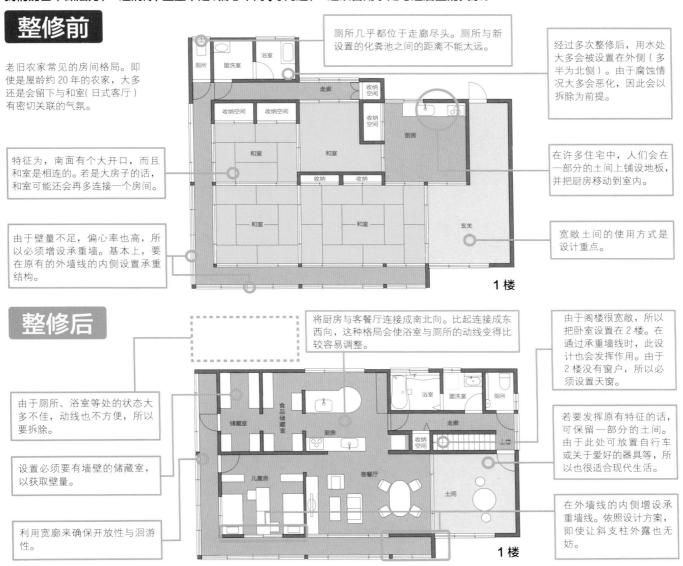

整修前

老旧农家常见的房间格局。即使是屋龄约20年的农家，大多还是会留下与和室（日式客厅）有密切关联的气氛。

特征为，南面有个大开口，而且和室是相连的。若是大房子的话，和室可能还会再多连接一个房间。

由于壁量不足，偏心率也高，所以必须增设承重墙。基本上，要在原有的外墙线的内侧设置承重结构。

厕所几乎都位于走廊尽头。厕所与新设置的化粪池之间的距离不能太远。

经过多次整修后，用水处大多会被设置在外侧（多半为北侧）。由于腐蚀情况大多会恶化，因此会以拆除为前提。

在许多住宅中，人们会在一部分的土间上铺设地板，并把厨房移动到室内。

宽敞土间的使用方式是设计重点。

1楼

整修后

由于厕所、浴室等处的状态大多不佳，动线也不方便，所以要拆除。

设置必须要有墙壁的储藏室，以获取壁量。

利用宽廊来确保开放性与洄游性。

将厨房与客餐厅连接成南北向。比起连接成东西向，这种格局会使浴室与厕所的动线变得比较容易调整。

由于阁楼很宽敞，所以把卧室设置在2楼。在通过承重墙线时，此设计也会发挥作用。由于2楼没有窗户，所以必须设置天窗。

若要发挥原有特征的话，可保留一部分的土间。由于此处可放置自行车或关于爱好的器具等，所以也很适合现代生活。

在外墙线的内侧增设承重墙线。依照设计方案，即使让斜支柱外露也无妨。

1楼

各种房间格局的理论

试着依照类型来思考老旧木造住宅的房间格局吧。首先，建商型的房间格局特征为，在大部分的建筑内，只要依照方位来插入楼梯空间的话，就行得通。由于容易使人对玄关产生印象，又能打造合理的房间格局，所以能轻易地增加房间数量。想要把这种格局更改成最近的开放式房间格局时，重点在于房间的连接方式。由于大多数住宅的壁量基本上都是足够的，所以很容易就能将相连的两室连接起来。设计重点为，把中央的走廊纳入起居室范围内的方法。

木匠所设计的旧式工务店型房间格局也很常见。在这种情况下，虽然基本上还是要连接LDK，不过由于壁量常常不足，所以隔间墙部分容易外露。只要将该部分当成「丈夫的房间、妻子的家事房、储藏室」其中之一，就能符合屋主的需求，并使施工变得容易。另外，由于玄关、走廊空间既狭窄又昏暗，所以此处也是改建重点。也可以选择将玄关和走廊合并，并将其当成土间。

最后一种是农家型房间格局。由于此格局的偏心率高，壁量也不足，所以会面临到「如何一边修补耐震墙（剪力墙），一边发挥原有格局所具备的悠然气氛」这项课题。

日式客厅与起居室会让人感受到世世代代所继承的历史。我们不会全面整修这些部分，而是仅止于外层整修。想要提升整修满意度时，「保留住了几十年的住宅的痕迹」这一点是特别的重点。

把「因为很冷而没有在用的 1 楼北侧和室」改成夫妇的卧室。在西侧设置新的窗户，以改善采光。地板采用纯桐木地板，其他部分也用了许多天然素材。

原本应该只有用水处……

让屋主说出「即使硬撑也要做！」

Good Design Reform!

何谓能让屋主赞叹的老房翻修提案？

只有改善表层的半吊子整修需花费约 500 万日元，如果采用这种方法的话，经过几年后，还是得再次整修。若是专家的话，就应该一边倾听屋主的心声，一边冷静地观察现况与屋主的生活方式，然后再提出最理想的方案，即便这样做未必会符合屋主当初的要求。

　　接下这项整修咨询的是梦之家整修馆（新潟县新发田市）。建筑师看过现状后，认为即使进行整修，效果也很低。由于该民宅非常宽敞，足以让六名家人居住，所以建筑师很干脆地提出了「拆除增建部分」这项提案。屋主为整修所准备的费用为 1500 万日元。建筑师认为将这 笔钱用于整修主屋比较能够改善生活品质。当然，光靠 1500 万日元，很难全面整修主屋。因此，建筑师把条件限定在新设置用水处，开始着手设计。

　　虽然主屋的屋龄达 80 年，不过由于使用的建材很好，所以损伤部分很少。不过，由于住宅整体很冷，而且有复数个房间没有在使用，因此建筑师下定决心提出「能够改善隔热

性能与耐震性的全面整修」这项提案。如果只修补眼睛看得到的损伤，过几年后，还是得再次整修。为了能够长久居住，建筑师向屋主说明了改善「居住舒适度」的必要性。

　　虽然最后的改建估算金额将近 3000 万日元，不过屋主说了「我就是要硬撑喔」这句话，下定决心透过贷款的方式来进行全面整修。据说，让屋主点头的契机居然是「保留了老屋痕迹」的起居室提案。

　　屋主对「至今所居住的家」所投注的感情超出我们的想象。告诉屋主这栋「明明还能用，但却处于不能用的状况」的住宅能够重生，也是专家的职责。

能够让年长者能迅速适应，并觉得很方便

整修前

虽然屋龄有 80 年，不过梁柱所使用的建材都很好，损伤很少。

厨房的出入口

洗盥室　浴室
厕所
厨房

收纳空间

阳台

和室 4 坪

和室 4 坪

壁橱　壁橱

壁橱

和室 4 坪

拆除

起居室 3 坪
起居室 4 坪
起居室 3 坪
起居室 3 坪
壁橱
起居室 4 坪
起居室 4 坪
起居室 6.25 坪
起居室 4 坪
壁炉
门厅
厕所
前门部
玄关

拆除

■ 没有再使用的房间

平面图（S=1∶250）

30 年前增建的用水处部分的损伤程度比屋龄 80 年的主屋还要严重。

整修后

厕所　洗衣机　冰箱　吧台

卧室 4 坪
卧室 5.5 坪
步入式衣橱 2.75 坪
储藏室 2.5 坪
日式客厅 4 坪
起居室 6.25 坪
LDK11.25 坪
晒衣空间
柴炉
玄关

让梁柱外露，没有进行什么加工，保留了原本面貌。

厕所

走廊

自由空间 7.75 坪

将 2 楼的两间和室的隔间墙全部拆除，使其变成一室格局。 为了使将来可以再设置隔间墙，所以会设置两个入口。

DATA
所在地：新潟县阿贺野市
家庭成员：曾祖母＋祖父母＋夫妇＋孩子
屋龄：主屋 80 年＋增建部分 30 年
结构：木造轴组工法
设计施工：梦之家
施工内容：拆除、结构、内外装修、用水处
施工面积：282m²
总金额：3000 万日元（包含家具）

让客厅与茶间 ※ 相邻，让人一边待在新的空间内，一边感受老民房的气氛。由天然素材构成的室内装潢能让新旧部分互相融合。

※ 茶间：（家庭中靠近厨房的）餐室，起居室。

把原有的厨房拆掉，在主屋内设置新的的厨房。在房间格局上，借由让厨房靠近茶间，就能缩短生活动线，使生活变得更方便。

采用开放式厨房，使餐厅变得明亮。餐桌用的是广松木工公司的「LUCE」餐桌旁的白色墙壁小隔间居然是放钢琴的地方。室内装潢设计师也提出了吊灯与嵌入式置物架等建议。

在柜子塞满了东西的客厅内设置嵌入式置物柜（木工工程）。在原有的紧闭窗户下方设置电视柜，用纺织品来搭配窗户，使其成为室内装潢中的特色。墙壁采用欧洲灰浆「estuco wall」（贩售：Prohome 大台），天花板采用硅藻土壁纸，地板采用纯枫木地板（透明涂装）。家具采用「Flannel sofa DOLCE」与国产家具厂商LEGNATEC 公司的「Alder 矮餐桌」。

即使花大价钱也想改变！？

Good Design Reform!

即使花大钱也想改变！
何谓年轻夫妇所追求的室内设计？

如同有机咖啡店或日用品店般的自然风格有很高的概率能让 20 ~ 30 多岁的妇女感到心动。
在这种使用了天然素材的室内装修中，最好也要对家具与纺织品提出建议。

「那种设计」就是标准规格

Prohome 大台是一家地区性工务店，员工人数 10 名，一年会经手 20 ~ 25 栋住宅。此工务店很受欢迎的理由之一在于，使用了天然素材的室内装潢提案能够抓住首购族的心。墙壁采用欧洲灰浆，地板采用纯木地板，门窗隔扇与柜门也都采用纯木制成。设计师会在厨房使用马赛克磁砖来当作点缀，也会使用从国外收购的复古金属零件与玻璃。

即使屋龄不长，也要进行整修的理由

Y 公馆是屋龄 15 年的和风住宅。虽然此住宅是子女从父母手中继承的房子，但收纳空间少，室内装潢也不符合子女的喜好，因此子女进行了大规模整修。说到 15 年前的话，当时正是新建材的全盛期，Y 公馆也使用了最高等级的新建材，损伤很少，在功能上也没有问题。不过，夫妇为了追求温馨的自然气氛而去参加 Prohome 大台公司举办的新屋参观会。夫妇俩 一眼就喜欢上该屋的室内装潢，并询问设计师是否能将他们的自宅整修成相同风格。

该公司的另一项优点为，他们也会对家具与纺织品提出建议。设计师完成平面设计图后，接着室内装潢设计师就会针对装潢建材与家具等提出建议。由于设计方向很明确，所以该公司不会因为让业主误解而尝到苦头。由于许多业主都会提出「想要与『在参观会所看到的住宅』相同的设计」这种需求，所以基本上，100% 的案子都会依照该公司所制定的标准规格来执行。正因为该公司有像这样地建立自己公司的设计理念（品牌塑造），所以像 Y 公馆那样的低屋龄住宅也会委托该公司进行大规模整修。

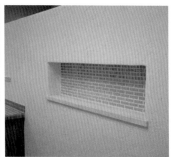

1. 客厅与餐厅之间的隔间墙为拱形。正因为采用灰浆，所以才能建成这种形状。

2. 钢琴占领了餐厅的墙面。在餐厅设置白墙小隔间，让钢琴顺利融入空间，即使不设置墙面，也不会觉得不协调。

3. 也可以带点玩心，在钢琴小隔间的墙上设置壁龛。隔间墙背面的砖头风格磁砖与白色灰浆墙很搭。

从没有进行整修的原有和室这边观看餐厅。纯木制的嵌入式拉门与纯和风的结构也很搭。

关键字是「自然」和「悠闲」
natural and slow

洗手台的台面也采用马赛克磁砖。收纳柜的门采用纯木材制成，与马赛克磁砖很搭。

DATA
所在地：三重县松阪市
家庭成员：夫妇＋两个孩子
屋龄：15 年
结构：木造轴组工法
设计施工：Prohome 大台
施工内容：室内装修、用水处
施工面积：63.76m²
总金额：1340 万日元（包含家具）

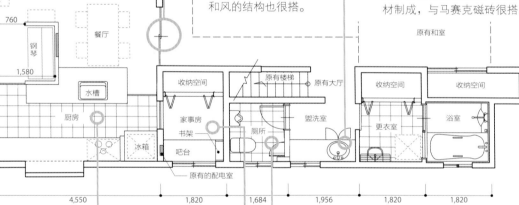

在厨房的地板上铺设陶瓦磁砖（300mm 见方）。墙壁采用欧洲灰浆「estuco wall」。台面采用大地色系的马赛克磁砖（25mm 见方）。柜门采用赤杨木制成。

在与厨房相邻的储藏室内设置吧台与书架，使其成为家事空间，太太也能在此使用电脑。把门拆除，改成拱门型入口，如此一来，就能看到厨房与客厅的情况。

在厕所的腰壁部分，透过有花纹的白色马赛克磁砖来使单调的磁砖变得华丽。墙壁上方部分采用欧洲灰浆（estuco wall）。利用中间柱之间的部分来在墙面上设置收纳空间或壁龛。

有助于设计整修的
营业·提案必胜法

大规模整修的客群与盖新屋的客群之间有着细微差异。
我们必须一边掌握业主的需求，一边采取适当的营业策略。
由于这属于利基业务，所以我们基本上会扩大营业范围，
迅速地进行提案与应对。此外，我们还会透过室内装潢提案来呈现特色。

理想的整修公司模样（进行大规模整修时）

业主的心情	暗中要求的项目	业主想要的整修商模样
·想实现自己坚持的部分。 ·也想适当地反映趋势。 ·不过，如果会变得较昂贵或是变得较不方便的话，我可不要。 ·想要依照自己的意愿来做决定（不想被专家摆布）。	·能提供单一窗口服务。 ·能提出成本效益很高的半客制化方案（或是具有丰富经验，并能提出成本效益很高的方案）	设计能力接近设计事务所的工务店

除了所坚持的部分以外，其他部分只要一般的就行了吗？

虽然设计事务所也不错，不过似乎很麻烦。

结论

业主所需要的组织（业主应诉求的内容）

·设计师数量达到某种程度：设计能力的诉求（包含性能上的可靠性）
·有女性的设计师与室内装潢设计师：共鸣能力的诉求（针对女性的策略）
·直到交屋前，都由设计师等负责人担任单一窗口：单一窗口服务的诉求
·没有所谓的业务员：关于「不进行烦人的推销」这一点的诉求

很高兴对方能够理解关于孩子与家事的部分。

最好始终都由 一对男女性职员（设计师＋室内装潢设计师等）来负责接待与提案的工作。

大规模整修的特征

虽然在大规模整修中，工程规模与金额接近新屋建案的例子也不少，不过还是有很多差异。首先，我们试着来看看两者的差异吧。

1. 宣传区域较广

整修公司必须广泛地获得顾客的青睐。比起新屋建案，整修公司必须扩大宣传范围，还要能够服务较远处的业主。宣传范围扩大后，就必须花费较多的广告宣传费用，毛利也会设定得较高。35% 是标准之一。

2. 金额较低

以平均来说，每件整修案于的营业额约为新屋建案的三成，支出与获取的金额都比较少。若采用新屋建案特有的「糊涂账」的话，公司就会破产。经营者必须一边经营，一边观察资产负债表（即使是新屋建案，也应该这样做）。

3. 从见面到交房的期间很短

以新屋建案来说，从见面到交房需花费 2 年。在大规模整修的案件中，「屋主住在该住宅内」与「屋主拥有该住宅」的情况很常见，所以施工期间相当短。不过，由于工期还是会以新屋建案为基准，所以工期会相对地变得较紧凑。也就是说，从提案到前往现场，我们都必须迅速地应付业主。如果无法适当地应付业主的话，就容易闹得不愉快，最后引发纠纷。

由一对男女性职员来接待业主时的重点

在网页上明文规定「不会进行强迫推销」、「若有需要,可由女性员工来提供服务」

当业主透过电话、电子邮件来洽询时,由设计师担任负责人并告诉业主需事先讨论一下。

业主索取资料后,在设计、影印要寄送给业主的资料时,要加入女性观点。

由于第一印象很重要,所以在接待与妻子同行的业主时,接待人员中务必要有女性。

进行事先讨论时,在讨论内容的比例上,听取生活方式占2～3成,房间格局占5～6成,室内装潢占2～3成。

当有竞争对手时,或是业主感到犹豫时,要在签约前实际去拜访该住宅,以完成签约。

签约后,当规格大致上都谈好后,也要再次去拜访该住宅(除了要确认设计内容,同时也能期待业主提出升级规格的需求)。

想要企业化的话,不动产资讯是不可或缺的

○ 与其他不动产公司合作的案例

对业主X来说,不动产公司拥有合适房地产

不动产公司A

①介绍 ③中介

①洽谈

③设计、施工签约

虽然还没决定房子,不过还是想要先商量看看。在参观会中,有看到喜欢的房子。

整修公司

先从房地产着手吧

④设计、施工签约

③介绍

①洽谈
②中介

不动产公司B

在某些案例中,有的业主会先向整修设计公司咨询,再委托不动产公司找土地,有些不动产公司也会把前来咨询的业主介绍给工务店。有些人会对后者抱持成见。挑选合作对象是很重要的。缺点在于,从决定房地产到签约,需花费很久的时间。

○ 整修公司发展不动产事业的案例

整修需要花多少钱呢?

①洽谈

③设计、施工签约

整修公司

②中介

业主X
直接向工务店洽谈的业主

集团公司或是同一公司

中古屋需花多少钱呢?

不动产公司A

①洽谈

④中介

③介绍 ②探听

业主Y
当业主直接向不动产公司洽谈,但不动产公司无法提供合适房地产的情况。

不动产公司B

对业主Y来说,不动产公司拥有合适的房地产

只要在整修设计公司内或是透过设立子公司来发展不动产事业的话,从房地产介绍到设计施工签约的过程就会很顺利。另外,只要采取「自家管理的房地产不需中介费,由其他公司所介绍的房地产也只需一半的中介费」这种做法,也许就能提升成本效益。

初次提案时，必须准备这类资料

◎ ：必要
○ ：尽量准备
△ ：视情况而定
✕ ：不需要

概念表
为了传达「合适感」，
所以一定要准备。

平面图
不用说，当然
必备。

正视图
外观进行整修
时会需要。

剖面图
视独栋建筑的
设计方案而定。

展开图
对外行人来说，
透视图比较好
理解。

室内装潢家
具透视图 如果业
主进行「半自白」
的话，也许透过
照片就能搞定。

外观透视图
外观进行整修时
会需要。

电脑绘图
由于年长者会比
较喜欢，所以视
顾客而定。

模型照片模型
不能使用白色模
型，必须贴上素
材才行，所以很
费工夫。

现况报告书
虽然费时费力，
不过对于「防止
业主之后有所抱
怨」这一点来说
很重要。

估价单
初次提案大多不
需要（不过，必
须事先掌握预算
金额）。

制作提案资料时的重点

制作概念表时，总之要简洁地汇总重点。

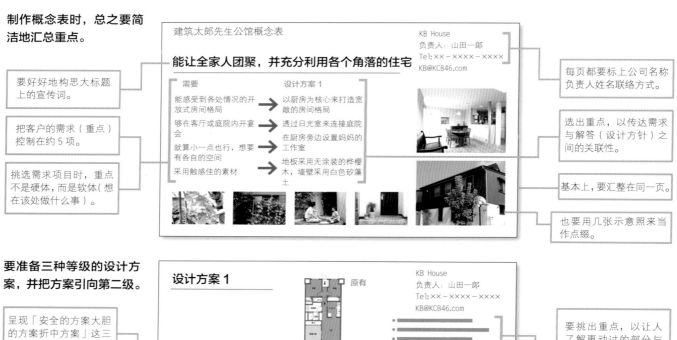

要好好地构思大标题上的宣传词。

把客户的需求（重点）控制在约5项。

挑选需求项目时，重点不是硬体，而是软体（想在该处做什么事）。

每页都要标上公司名称负责人姓名联络方式。

选出重点，以传达需求与解答（设计方针）之间的关联性。

基本上，要汇整在同一页。

也要用几张示意照来当作点缀。

要准备三种等级的设计方案，并把方案引向第二级。

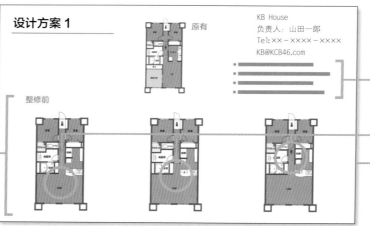

呈现「安全的方案大胆的方案折中方案」这三种方案。

平面图要尽量画得大一些，并把家具、设备等也加进去，以传达尺寸。

必要时，也要制作正视图、剖面图。

要挑出重点，以让人了解更动过的部分与其用意（在文章与设计图上都要做记号）。

用彩色来呈现会比较讨喜。

4.「附近」有人住

「一边住，一边进行整修的情况」当然不用说，施工住宅周遭也可能会有许多居民。我们必须经常考虑到那些人的感受。自己公司的现场监工人员当然必须具备「选择能降低声音与震动的工法、重视养护工作」等技能，而且也要让工程承包商贯彻这些理论。

5. 只要错估现况的话，立刻就会造成亏损

与新屋建案不同，原有建筑物的状况各有不同，我们很难在拆除前掌握所有状况。如果我们没有采用「能预估会在各个阶段变得明显的风险」的设计，并根据此设计来选择工程承包商的话，就会产生预料之外的费用，变得无法确保毛利。在基本资金较少的情况下，只要错估人工 (每人每日的工作量) 的话，利润就会立刻消失。

依照业主的兴趣来特别设计室内装潢

接着，我们要来说明客户的差异。虽然整修客户与新屋建案的客户有共通点，但差异也很多。我们所采取的营业风格必须基于这一点。

1. 性能

由于原有住宅的性能并不佳，所以无法要求高水准性能。业主所要求的性能水准为新建住宅的平均性能。不过，在已经有人住的住宅内进行整修时，「效果容易呈现在体感温度与能源上的隔热整修工程」还是很值得去做。

另外，比起新屋建案，由于容易留下造成瑕疵的要素，所以我们必须事先确实地消灭这类风险。

2. 房间格局

业主的需求倾向与新屋建案相同。不过，我们只要根据原有住宅的状况来进行说明的话，业主就会比较容易接受我方的提案。在有原本模样可供参考的情况下，业主会比较快同意设计方案。

3. 设备

业主的需求倾向与新屋建案相同。一般来说，业主会特别讲究厨房周围的部分。业主对于「浴室与空调等容易受到原有住宅影响的部分」的讲究程度则会比新屋建案来得低。

4. 室内装潢

在其他部分受到比较多限制的情况下，业主对于室内装潢的重视程度会 比新屋建案来得高。尤其是公寓大厦的整修案例，由于空间上无法做出变化，所以室内装潢的重要性会非常高。

在本章的图表中，可以看到以这种前提为基础来进行汇整的实际方法。

由于业主会要求既细腻又迅速的服务，而且我们要针对提案内容来特别设计室内装潢，所以在接待业主时， 必须选择擅长设计的员工，而不是业务员等中介人，以让那些员工迅速地直接回应业主。希望大家在掌握这项基础后，能建立起自己公司的风格。

以家具为主，透过景色与参考照片来描绘意象图

虽然素描中没有画到，不过只要透过文字来进行部分补充，就能让业主轻易地理解。

附上过去案例的参考照片。

在现况报告书中确实检查「结构的劣化、漏水」等项目。

包含地板下、天花板上方的空间等处，拍摄可照范围的照片。

「尽量地与业主共享图片资讯」这一点也很重要。

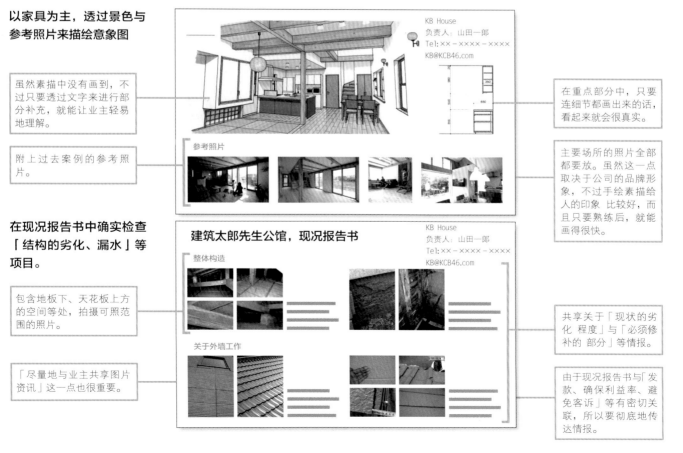

在重点部分中，只要连细节都画出来的话，看起来就会很真实。

主要场所的照片全部都要放。虽然这一点取决于公司的品牌形象，不过手绘素描给人的印象 比较好，而且只要熟练后，就能画得很快。

共享关于「现状的劣化 程度」与「必须修补的 部分」等情报。

由于现况报告书与「发款、确保利益率、避免客诉」等有密切关联，所以要彻底地传达情报。

从路边停车到噪音都能应付的
现场投诉对策指南

即使我们完成了设计性与成本效益都很高的整修工程，但要是发生客诉的话，就会赔了夫人又折兵。
在此，我们要介绍能事先防范客诉的具体对策。
对于设计整修的成功来说，这些对策是不可或缺的。

施工前的对策

为了防止投诉发生，在施工前充分地拟定对策是很重要的。在此，我们要介绍其中特别重要的施工前对策。

1. 确保停车位

在都市地区进行建筑工程时，最常见的客诉就是相关施工人员的路边停车问题。尤其是整修工程，由于建筑物不会被整成空地，所以在持续施工时，建地内几乎没有停车位。以公寓大厦来说，虽然可以在建地内准备访客专用的停车位，不过大多必须事先提出申请，所以无法应付紧急情况。

无论如何，要确保所有相关施工人员的停车位是不可能的，所以我们必须事先确认「从停车场到施工现场之间，在不会妨碍行人走动的场所是否有停车位」这一点。接着，我们也要事先考虑到「需要支付相应的停车费时，费用要如何分摊」这一点。

此外，如果地点位在交通很发达的大都市区的话，也可以考虑「让相关施工人员各自搭乘捷运或公车等交通工具前往现场」这种做法。另外，也可以采取「先让施工人员到工务店集合，然后再一起开车前往施工现场」这种做法。

无论如何，若不采取任何对策的话，施工现场附近就会反复出现路边停车的问题，导致附近居民与屋主提出客诉。

2. 告知邻居

无论工程种类为何，告知邻居都是很重要的行为。尤其是在公寓大厦进行整修工程时，建议大家最好事先充分地告知邻居。这是因为屋主与邻居会共同使用同一面墙壁与混凝土地板，所以噪音与振动很容易传到邻居那边。

在公寓大厦中，准备施工的住户必须先知会上下左右的邻居。如果可以的话，最好也要知会同样容易感到噪音与振动的斜上方与斜下方的邻居。在拜访邻居时，要将清楚记载了「施工日程表、施工时间、施工内容」等项目的文件交给邻居，并进行口头说明。另外，如果可以的话，最好也要先向管理委员会、管理公司、管理人等进行说明。同时，也要委托管理委员会等帮忙把关于工程说明的文件公布在布告栏上。如果几天后文件还是没有被公布的话，就先主动公布。

3. 提交施工通知

在公寓大厦整修工程中，我们必须在施工前依照管理委员会所指定的格式来提交施工通知。如果没有先提交适当的施工通知，就开始施工的话，工程就会被勒令停止，施工人员会被禁止出入该处，对屋主造成困扰。

一般来说，我们要提出以下四种文件。

①施工概要书（规格书、简图等）

②施工进度表（施工时间、休工日、噪音施工日等）

③施工业者誓约书（施工人员注意事项同意书、公共区域规范等）

④施工人员名册（或是施工人员、施工者、工程负责人联络方式 . 可联络时间等）

提交时间会因公寓大厦的管理体制而分成许多种。当管理委员会采取自治管理时，我们必须在开工前将这些文件交给理事会。即使是很热心举办活动的理事会，由于集会本身的召开频率约为两周一次，所以希望大家能事先确认理事会的日程表，再继续准备资料，以赶上开会那天。

施工中的对策

工程本身所包含的「脏污、噪音、许多相关施工人员频繁出入」等许多要素都可能会引发客诉。在此，我们要介绍施工中的客诉与其对策。

1. 脏污对策

在整修工程中特别需要注意的就是施工现场周围的脏污对策。建筑工程很容易让人联想到「肮脏」，只要有人亲眼发现「脏污」的话，立刻就会引发客诉。

在脏污对策中，最重要的一点就是保护措施。举例来说，在公寓大厦施工时，希望大家能采取「彻底地在从大厦玄关到施工现场的地板上铺上蓝色防水布」这种保护措施。尤其是「用来搬运施工器具与结构材料的电梯」，整个墙面都必须有充分的保护措施，以避免墙面遭受损伤。因为种种原因而无法彻底进行保护措施时，为了避免工作鞋弄脏公共区域，我们可以事先在施工现场的入口准备用来去除脏污的踏垫。

● 整修工程常见客诉的具体对策

主要客诉	施工前的对策	施工中的对策
路边停车	■要在公寓大厦旁准备访客专用停车位时，要事先办理使用手续。 ■确认附近的停车位（也要确认停车费的分摊方式） ■考虑让相关施工人员各自搭电车或公车前往现场。 ■考虑先让人员到工务店集合，再开车接送。 ■考虑事先寻找不会阻碍行人通行的场所（以不违法为大前提）	■要在路边停车时，要先让现场监工人员或代理人在车子附近或可看到车子的地方待命。 ■每当相关施工人员的车长期占用居民停车格或路边时，都要引导他把车停到收费停车场。
脏污	■事先充分地向施工人员说明或教导「施工现场周围的脏污会引发客诉问题」这一点。 ■教导施工人员要彻底将施工现场清理干净。	■若是公寓大厦的话，从玄关到施工现场的部分都要铺上蓝色防水布，采取彻底的保护措施。 ■在电梯内，整个墙面都要采取充分的保护措施，以避免墙壁等受损。 ■无论如何都无法采取保护措施时，要事先在施工现场的入口处准备用来去除脏污的踏垫，以避免工作鞋等物弄脏公共区域。 ■要是出现脏污的话，就要迅速地清理干净。 ■在施工完毕后，要将用于保护措施的器具收走，使该处恢复原状。
噪音	■事先掌握公寓大厦居民的特征，调整施工时间与日程。 ■事先充分地向邻近居民说明施工内容。	■尽量避免使用会发出巨大声响的电动工具，使用时要关上窗户，并避免在会打扰邻近居民的时间使用。 ■进行拆除工程时，若想避免发出巨大声响的话，最好请木匠来进行拆除工作。 ■在兴建、拆除地基与混凝土墙时，无论如何都会发出巨大声响，振动幅度也会变大。我们应尽量缩短施工时间，如果可以的话，也应事先透过布告栏等来通知邻近居民。

2. 噪音对策

在施工时，噪音也是很常见的客诉项目。特别容易引发客诉的是拆除工程。拆除业者大多会用相当粗暴的方式来进行拆除工作，每当他们破坏墙壁或基底部分时，就会发出很大的声音。因此，在进行拆除工程时，希望大家要尽量减少使用电动工具，并仔细地透过人力来拆除。

要实行人力拆除工程时，只要交给木匠来拆就行了。由于木匠了解人力拆除方法，所以即使没有大型电动工具，也能进行拆除工作。不过，如果木匠不熟悉拆除工作的话，就得多花几天才能拆除完毕，效率并不佳。如果想要兼顾效率与人力拆除的话，就得委托工作态度很谨慎的拆除业者，而且现场监工人员也必须持续地指导施工人员。

另外，在平常的工程中，如果无论如何都会发出巨大声响的话，就应该事先掌握公寓大厦居民的特征，并调整施工时间与日程后，再开始施工。举例来说，当公寓大厦内有较多年幼儿童时，就要考虑到午睡的时间，当公寓大厦内有较多人上夜班时，就要避免在清晨施工。

3. 相关施工人员的教育

虽然这一点不仅限于整修工程，但相关施工人员的行为举止还是会大幅影响附近居民对于该工程的印象。

最重要的工作就是问候附近居民。光是有好好地问候居民，居民对工程的印象就会变得相当好，因此我们希望大家要让相关施工人员彻底地问候居民。另外，大家也要让相关施工人员彻底遵守「不要把施工器具放在现场外、不要在明显的地方抽烟（基本上，最好要采取禁烟措施）、不要把收音机开得很大声」这些理所当然的事。

要是发生客诉的话

即使在施工前、施工后采取充分的客诉对策，客诉还是会发生。客诉一旦发生的话，在当天向提出客诉的当事人进行说明是很重要的。时间一旦经过，当事人很有可能会变得更加不满，使事情变得难以补救。我们必须立刻联络提出客诉的当事人，诚恳地说明情况。这样做可以防止更严重的客诉发生，进而使工程能够更加顺利地进行。

整修费用的关键！
拆除 & 更换用水处 的成本

有段时期，业者曾打出「更换成整体浴室，工期只需 3 天！」这种宣传口号。
实际上，业者在施工前并没有进行修缮，工程的完成度很低，应该会出现很多问题。
为了提升合理的利润，「设定合理的工期」与「关键部分的预测」是很重要的。
以下会根据实例来进行解说。

可靠的工期能带来合理的利润

◎ 磁砖浴室→整体浴室（能提升完成度的）施工进度表（表1）

建知先生公馆 施工进度表										建知房屋 东京都港区六本木7-2-26 负责人 建筑雄二 手机 090-××××-××××

开工日　2011 年 11 月 28 日
完工日　2011 年 12 月 3 日

在此时决定最终预算

工期 6 天

月	11						12				
日	25	26	27	28	29	30	1	2	3	4	5
星期	五	六	日	一	二	三	四	五	六	日	一
告知邻居											
开工日				开工					完工		
				拆除工程							
自来水工程					铺设管线浇灌混凝土地板		安装热水器		安装洗手台		
厂商施工		自由来水管工程业者与木匠搭配进行				UB 施工					
木工工程					修补		下地施工		安装地板收边条		
装潢工程		要让浴室在第四天傍晚变得可以使用						油灰	软垫地板、塑胶壁纸		
电力工程					铺设线路		铺设 EcoCute 的线路		收尾		
				拆除后的实地检查				安装扶手			
				15:00				15:00			
瓦斯工程				暂时让瓦斯管线绕道			确认整体浴室的功能→整体浴室能够使用	当多种工程复杂地牵扯在一起时，要事先商量施工顺序			

若包含变更房间格局的话，工期就会再多一天。
透过可靠的预测来安排工期有助于确保利润。

浴室的拆除、更换工程的概要（5~7天）（表2）

拆除、收拾［需要天数1天］

 施工者　自来水管工程业者（必须防止漏水）＋鹰架工人或木匠（让木匠加入的话，会比较能够掌握木工装潢工程的顺序，所以之后的工程会比较顺利）

工程的重点
- 拆除后，要在结构上做记号（由UB厂商来执行）。
- 事先商量管线铺设位置、出入口位置、混凝土地板高度、窗户基底部分（若要更换窗框时）。

※1 在凿平磁砖时，会产生细微尘埃。除了一般的地板保护措施以外、尘埃对策也很重要在废弃材料的搬出路径上，也要做好保护措施
※2 使用原有窗户的情况，要注意窗户与UB墙壁的连接处窗户的位置与整体浴室的墙壁经常会不吻合（多半会透过可自由切割尺寸的边框建材来处理）。

↓

修补工程［需要天数1天］

当底部横木与柱子等骨架部分出现腐蚀或白蚁侵蚀的情况时，要在拆除隔天进行修补工程进行现场检查时，要先进行预测。

 施工者　木匠

工程的重点
- 事先到现场与木匠商量补强方法（视情况，必须进行白蚁防治措施）。
- 依照骨架的状况，会需要支付材料费与工资，所以要将额外费用告诉业主（从避免客诉的观点来看，要迅速处理）。

↓

间隙管线铺设管线浇灌混凝土地板［需要天数1天］

 施工者　自来水管工程业者＋鹰架工人

工程的重点
- 在上午，由自来水管业者来连接内外管线。到了下午，补充沙子，并浇灌混凝土地板。
- 基本上，会更换供水、热水管。排水管则会依劣化程度来决定是否更换。
- 洗手台的内外管线相连部分也要在这天施工。
- 由于照明设备与换气扇的开关位置会改变，所以要在现场再次确认。
- 采用拉门时，也要注意原有的插座位置等。

※1 采用附有抽屉式收纳橱的洗手台时，由于供水、热水管的取出位置会因柜门的样式而改变，所以要特别注意。在保养维修方面，我们建议采用「外露于地板上方的管线」。
※2 采用多功能换气扇时，必须要有专用电路，所以会事先在这天铺设线路

↓

UB 安装［需要天数1天］

 施工者　UB施工业者＋自来水管工程业者

工程的重点
- 除了热水器等外部工程以外，这天无法进行UB施工以外的工程。
- 由于UB工程的最后会进行防水气密措施，所以施工后的UB禁止进出。
- 为了理清漏水时的责任归属，所以我们要事先确认UB与供水、热水管的连接工程是由自来水管工程业者还是UB施工业者来负责。

※1 由于最近的UB几乎都不对应邻接安装型（两孔）的热水器，所以如果原有的热水器属于此类型的话，就要更换成自由安装型的热水器
※2 一般来说，热水器的瓦斯管连接工程会由屋主委托签约业者来进行。

↓

木工工程［需要天数1～2天］

 施工者　木匠＋自来水管工程业者

工程的重点
- 主要内容为安装洗手台这边的外框、墙面的施工、装设地板收边条与天花板收边条。
- 若房间格局有更改的话，则需2天。
- 自来水管工程业者要确认「供水、热水供应、重新加热」等功能，让UB在当天晚上变得能够使用。

↓

室内装修工程［需要天数1～2天］

 施工者　粉刷工程业者、壁纸工程业者等（依照装潢种类）

工程的重点
- 依照涂装、灰泥、贴上塑胶壁纸等装潢种类来安排工匠。
- 依照室内装修工程的进度来决定要在当天傍晚还是隔天安装洗手台。

拆除 & 更换整体浴室时的重点

包含洗手台在内，整体浴室（unit Bathroom，以下简称UB）的安装工程至少需要5天。根据情况，有时会需要多1～2天。举例来说，有时必须更换窗框（业主的需求），或是更改格局，而且也要考虑到「施工环境恶劣」这项因素。另外，拆除后所得知的骨架损伤程度等也会影响工期。

在磁砖浴室内，最容易受损的部分有很高的机率会发生「骨架腐蚀」或「遭受白蚁侵蚀」等情况。在安排工期时，要考虑到最糟的情况，在施工现场也要弹性地调整施工进度。在施工前，我们也必须充分地向业主说明这类情况。

在这种「将磁砖浴室整修成整体浴室的工程」中，隔壁的盥洗更衣室的地板经常会因湿气而受损。另外，由于UB出入口与盥洗更衣室的墙壁是相连的，所以一般来说，我们会建议进行「浴室＋盥洗室」这种工程。在原有的热水器的更换时机方面，由于热水器大多会同时逼近使用年限，所以同时更换机器设备的话，会使整修工程变得比较有效率。

浴室整修工程最常见的模式如下：
① 磁砖浴室→UB
② 盥洗室的内部装修、洗手台的更换
③ 瓦斯热水器的更换
④ 使用原有的窗框

以成本效益来说，这是最合理的模式。如果将这些施工内容分开，分别在不同时期进行的话，反而会提高成本，并导致完成度变差。

一般来说，工期为一周。不过，由于许多屋主都是一边住在该屋，一边进行整修，所以在安排施工进度时，最好要以「在第四天晚上让浴室变得能够使用」这一点为目标。若包含假日在内的话，工期就会延长，所以最好尽量在周一开工。（参阅表1）

厕所的拆除
更换工程的概要（2天）（表3）

拆除～地板（墙壁）基底［需要天数2天］

施工者 自来水管工程业者或木匠

工程的重点
- 由于厕所内的施工空间只能容纳一人，所以另一人要负责把废弃材料搬出去。
- 若地板基底是木制的话，施工速度会比较快。若采用磁砖地板，并在砂浆下方堆满沙子的话，拆除与搬出工作就无法在上午结束（这类拆除工作要交给经验丰富的人负责）。
- 拆除后，由木匠在地板基底处施工（要注意完成度的等级）。
- 在不会妨碍「用来固定地板下横木的木材与管线」的地点设置地板下横木，然后由自来水管业者铺设新的管线。
- 需要插座时，要请电力业者事先埋设管线。

地板装潢～安装器具［需要天数1天］

施工者 木匠 电力工程业者 自来水管工程业者

工程的重点
- 若地板的装潢建材为软垫地板的话，可以贴上两片12mm厚的胶合板（下方针叶木胶合板，上方细安木胶合板）
- 若地板的装潢建材为木质地板的话，可以使用针叶木胶合板来当作衬板
- 若为「列车式马桶※」的话，在拆除地板时，由于墙壁会出现瑕疵，所以墙壁也必须进行施工（若装潢建材采用塑胶壁纸的话，可贴上石膏板。若能安装扶手的话，可把部分墙壁改成胶合板）
- 在上述这种情况下，要装设地板收边条天花板收边条，并请室内装修业者来贴上塑胶壁纸
- 室内装修工程结束后，由电力业者安装插座，然后由自来水管业者安装马桶、卷筒卫生纸架、毛巾杆
- 确认上述这些动作后，就能完工

※ 列车式马桶: 厕所内有一层台阶，马桶位于台阶上，男性小便时会比较方便。

厕所的拆除、更换工程的成本

作业、工程	成本
解体、拆除	若地板基底是由木材组成的话，需1人工。若是砂浆＋沙子的话，则需2人工
废弃材料处理费	・包含原有的马桶在内，若地板基底是由木材组成的话，费用约为1000日元 ・砂浆＋沙子: 约25000日元
木工工程	1～2人工
室内装修工程	25000日元（前后的墙壁都贴上塑胶壁纸，地板采用软垫地板）
电力工程	约10000日元（设置附有接地线的插座。依照马桶种类，有时会需要专用插座，所以要多留意）
自来水管工程	材料加施工费约为25000日元
马桶、卷筒卫生纸架、毛巾杆（材料）	视选择的产品而定
基底木材（材料）	8000日元（前方与后方的地板下横木采用来固定地板下横木的木材、胶合板、石膏板、地板收边条、天花板收边条）

● 浴室的拆除、更换工程的成本

作业、工程	成本
解体、拆除	2～3人工（若是高地基的话，凿平工作会很辛苦，所以要先用3人工来计算）
废弃材料处理费	包含原有洗手台、热水器在内，处理费约为50000日元（以1坪大的磁砖浴室来说，首日拆除后所产生的垃圾量为两辆2吨货车的载运量）
混凝土底板浇灌工程	材料加施工费约为25000日元
供排水设备工程	・铺设UB管线: 材料加施工费约为35000日元 ・铺设洗手台管线，安装器具: 材料加施工费约为20000日元 ・铺设热水器管线，安装器具: 材料加施工费约为20000日元
木工工程	1人工
电力工程	材料加施工费约为25000日元（不需要专用电路 ※ 的情况）
UB+UB组装费	视选择的产品而定
洗手台（材料）	视产品或装潢建材的规格而定
瓦斯热水器（材料）	视选择的产品而定
室内装修工程	・墙壁／天花板: 材料加施工费约为20000日元 （贴上塑胶壁纸的情况） ・地板: 材料加施工费约为10000日元（贴上软 垫地板的情况） ・边框建材、地板收边条、天花板收边条、基底材等（材料）: 约15000日元

※ 需要专用电路或更换配电盘时，就得追加费用。
在浴室的整修工程中，如果不确认骨架模样的话，就无法正确地估算金额，因此正式的预算要在拆除后才能确定。在提出估价单时，请事先向业主说明此事。

　UB工程发包前（现场检查时），首先应该留意的是UB结构材料的搬入路径。由于厂商的资料中会记载「最低必要限度的走廊宽度」等项目，所以我们要事先好好地浏览一遍。尺寸最大的浴缸部分的结构材料会成为搬入路径的基准。另外，我们也要事先记住「施工空间、材料放置处、天气恶劣时会造成的影响」等事项。

　在UB→UB的整修工程中，拆除工作会轻松多了。由于不需凿平磁砖或泥土地，所以废弃材料的量也会只有一半。另外，「不需进行混凝土地板浇灌工程」这一点的影响也很大。因此，施工第一天的进度就能从拆除进行到连接内外管线。第二天会开始组装UB，之后的工程则与表1相同。

　在将公寓大厦的磁砖浴室改成UB时，由于基底部分就是骨架，所以在凿平磁砖时，要特别留意，以避免使骨架受损。

厨房的拆除
更换工程的概要（2天）(表4)

解说时，会以厨房系统框 + 厨房面板的拆除、更换作为前提。

解体、拆除连接内外管线 [需要天数 1 天]

施工者 自来水管工程业者与木匠（因为拆除时，必须防止漏水，拆除后，要确认基底的状态，依照情况，有时还必须立刻进行修缮）瓦斯工程业者电力工程业者

工程的重点
· 厨房设备本身的解体与拆除工作需花费 2～3 小时
· 拆除后，要由自来水管工程业者瓦斯工程业者进行连接内外管线的工作，并由电力工程业者来负责安装插座照明器具换气扇的通风管。
· 由木匠来决定装设厨房面板时的施工顺序。

注 1 瓦斯业者的安排很容易被忘记，所以要多留意
注 2 即使原有的换气扇为螺旋桨风扇，我们还是会建议采用多叶片式风扇。这种风扇不易受到风的影响，排气量稳定，在施工上也很少出现问题

装设厨房面板安装厨房设备 [需要天数 1 天]

施工者 木匠与自来水管工程业者或厨房厂商指定业者（前者比较便宜）瓦斯工程业者

工程的重点
· 如果没有要进行「人工大理石的焊接」等特殊工作的话，委托木匠与自来水管工程业者会比较便宜
· 安装后，会由瓦斯工程业者来进行火炉的点火测试
· 自来水管工程业者确认混合水龙头与洗碗机的功能后，就能完工。

注 要注意吊柜、窗户、天花板高度的相对位置

厨房的拆除、更换工程的成本

作业、工程	成本
解体、拆除	1 工人
废弃材料处理费	15000~25000 日元
自来水管工程	材料加施工费约为 25000 日元
木工工程	2 人工
电力工程	材料加施工费约为 25000 日元
瓦斯工程	材料加施工费约为 25000 日元
厨房系统柜（材料）	视选择的产品而定
厨房面板、辅助材料（材料）	视选择的产品而定
基底木材	视情况而定

为了确保 UB 的尺寸，所以会出现「凿平到极限程度」的情况，而且钢筋混凝土结构本身也会发生「内侧出现隆起」的情况。我们可以到公寓大厦的管理办公室提出影印骨架设计图的请求，并在确认尺寸后，讨论 UB 的大小，避免采用逼近极限的尺寸。采用可自由搭配尺寸的 UB 也是方法之一。

厕所拆除更换工程的重点

在厕所整修工程中，比较常见的模式为以下这六种：
①西式马桶→西式马桶
②西式马桶→西式马桶 + 墙壁（天花板）
③西式马桶→西式马桶 + 地板
④西式马桶→西式马桶 + 地板 + 墙壁（天花板）
⑤日式马桶→西式马桶
⑥日式马桶（列车式马桶）→西式马桶 + 墙壁（天花板）

在这当中，由于③～⑥包含了「地板建材的变更」与「将日式马桶变更为西式马桶」这些条件，所以这些工程会成为护理保险的对象。另外，编号的数字愈大，工程会愈辛苦，所需预算也愈多（图为⑥的情况）。在工期方面，最好把①～③的工期订为 1 天，④～⑥的工期订为 2～3 天。顺便一提，由于厕所空间很狭小，所以各业者无法同时施工。在施工时，需要互相轮流，所以工程的单位是小时。

厨房拆除更换工程的重点

在厨房整修工程中，重点在于要在何处划分整修范围。一般来说，我们可以设想以下这三种情况。
①只更换厨房设备
②更换厨房设备 + 客餐厅的内部装潢
③更换厨房设备 + LDK 的内部装潢

在地板墙壁天花板的整修中，最耗费成本的是地板。由于厨房设备会放在地板上，所以「先确认原有地板的损伤程度」是很重要的事。

此外，只更换厨房设备时，必须注意「原有地板墙壁天花板的连接部分」。在以前的房间格局中，大多会用隔间来区分 LDK 与客厅。也有许多人会委托业者拆掉隔间墙，使 LDK 变成相连的空间，采用吧台式厨房。当然，在拆除隔间墙时，必须要考虑到「是否有结构阻力上的问题」这一点。

整修流程如同表4。工期会依照规模与内容而有所不同，若只需整修厨房部分的话，需要 2 天的工期。如果要贴磁砖的话，就要再多加一天。不管是木造住宅还是公寓大厦，这种工程都一样。

注：在公寓大厦中，即使施工现场在 10 楼，也可能无法使用电梯。在编列各项预算时，也要事先考虑到搬运费用。

彻底探讨成本效益！
低成本设计整修法

在整修工程中，许多业主会提出超乎预算的需求，我们经常必须思考降低成本的方法。
在本章节中，我们会模拟日常业务中常见的预算与需求，
并说明如何制定方案，并在预算内完成施工。

我们所承包的整修工程多半都是「因为房屋劣化而出现问题 - 必须赶快处理的案例」。「是否能看清必要的工程」这一点会取决于整修提案者的能力。

因持续劣化而令人感到困扰的重要部分包含了「造成漏雨的外部」与「机器设备的故障」。首先，我们要思考的就是如何修缮这些部分。在这方面，当预算吃紧时，首先要考虑「抑制设备的等级」。接着，要考虑「缩小施工范围」。此时，我们要先研究「即使之后再整修也不会影响成本的范围」。

我们把比较常见的低成本整修委托案例分成以下这三种，并说明成本的分配方式。

案例 1：在目前居住的屋龄 20 年住宅（外部已在 2 年前整修完毕）中，「透过 300 万日元以下的预算，进行以用水处为主的整修工程」。

案例 2：在新买的屋龄 20 年二手公寓大厦中，「透过 500 万日元以下的预算，在宽敞的 L D K 与用水处进行整修」。

案例 3：在新买的屋龄 20 年（外部已有 10 年没有整修）二手独栋住宅中，「透过 800 万日元以下的预算来进行全面整修」。

300 万日元的木造住宅整修

首先，案例 1 的施工范围包含了浴室、盥洗室与厨房（DK）、厕所。

在此，我们一开始要考虑的问题为，控制浴室．盥洗室的整体浴室（以下简称 UB）与洗手台的等级。以定价来说，UB 所分配到的预算为 100 万日元以下，洗手台为 10 万日元以下。在建筑物内，浴室．盥洗室是最容易受损的部分，所以包含地板在内，要进行全面性的室内装修。预算的大致标准约为 120 万～ 150 万日元。更换瓦斯热水器约需 10 万日元。

在厨房方面，选择定价在 100 万日元以下的产品，包含餐厅厨房的墙壁、天花板的壁纸张贴工程在内，预算要控制在 100 万日元以下。把日式厕所改成西式厕所。若采用配备「温

水洗净便座」的节水型产品的话，马桶的定价约为 20 万日元。包含地板在内，整体内部装修的费用约为 30 万日元。如此一来，总金额就会达到 250 万～ 280 万日元。我们也可以把「整体浴室的窗户更换」包含在此整修工程内。

500 万日元的公寓大厦整修

接着是案例 2。在预算上，无法大规模地变更房间格局。因此，我们会把施工范围缩小至 LDK，提升厨房与收纳设备的等级，把预算分配给内部装修与地板建材。

另外，透过「把 LDK 的施工费控制在 300 万日元左右」来将「UB 与盥洗室、厕所的器具更换，以及该房间的内部装修」纳入整修范围也是一种成本效益很高的方案。在更换器具的同时也更换内部装修是很有效率的做法。将这些内容汇整后，就如同下页那样。

800 万日元的木造住宅整修

我们认为，以木造住宅来说，若预算在 800 万日元以上的话，有些人会想要透过申请贷款来弥补不足金额，将房子整修成新屋那样。虽然许多业主的需求都是全面整修，不过如果把外部也纳入施工范围的话，就很难克服金额上的问题。雨水槽等设备的整修必要性很高，标准约在 10 年左右。当业主想要更换窗框时，我们应该要先记住外部的情况，再提出建议。想要降低成本时，首先要考虑的是「降低机器设备或内部装潢的等级」，然后再逐渐缩小整修范围。

在此，我们根据「屋龄 20 年，外墙与屋檐在 10 年前有经过重新粉刷，内部完全没有整修过」这种常见的条件，试着提出了整修方案。如同上述那样，基本上，为了腾出外部整修的预算，所以我们会降低厨房与马桶等设备器具的价格，并采用杉木或松木等较便宜的纯木材地板。我们把汇整了这些内容的建议规格列在 P120。

公寓大厦整修的提案 [目标成本 480 万日元]

整修前

在公寓大厦中很常见的 3LDK 格局。特征为不适合目前生活方式的零碎格局。老旧的新式建材室内装潢也会降低人们住在此处的意愿。

整修后

整体浴室、洗手台、马桶需更换。在盥洗室厕所的内部装修方面，需重新贴上壁纸软垫地板。
150 万日元

厨房 + 收纳柜
115 万日元

平面图（S=1 ： 150）

把地板上原有的地毯改成经过隔音处理的 纯木地板（水曲柳等）。施工范围为 LDK 与走廊。
100 万日元

变更 LDK 的格局。把原有的塑胶壁纸撕掉，改成涂上矽藻土。天花板采用椴木胶合板 + 涂装。
120 万日元

在照明器具方面，改成以 LED 为主。在客厅部分加上调光器。
15 万日元

整修前

由于视线被遮住，所以空间内会产生阻塞感。

整修后

通过拆除最低限度的隔间墙来打造出开放式的 LDK。装潢也改成廉价的天然素材。

木质独栋住宅的整修提案 [目标成本 800 万日元]

2楼

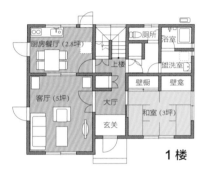

1楼

「中央大厅型」是住宅型建商很常采用的房间格局。首先应该做的是，消除零碎的格局。

（S=1 ： 200）

在 2 楼设置新的衣橱、厕所。铺上多层纯木地板，并把墙上原本的塑胶壁纸撕掉，改成涂上矽藻土。其他房间则改成贴上塑胶壁纸。

100 万日元

2楼

在外部方面，外墙与屋顶要进行涂装，雨水槽要更换。

120 万日元

把原有的餐厅兼厨房与客厅改成一室格局的 LDK。铺上多层纯木地板，把墙上原本的塑胶壁纸撕掉，改成涂上矽藻土，天花板采用椴木胶合板 + 涂装。

270 万日元

照明器具改成以 LED 为主。在客厅部分加上调光器。依照场所，也可以考虑利用原有器具。

10 万日元

1楼

在屋龄 20 年的住宅内，由于磁砖浴室处于相当危险的状态，所以要更换成整体浴室。另外，也要把盥洗室与厕所更改成较宽敞的格局。厕所内也要同时设置落地型小便斗。窗户采用双层玻璃。

300 万日元

LDK 三个空间都各自被区隔开来，会让人感觉到阻塞感。

移动比较容易更动位置的厨房，借由拆除最低限度的隔间墙来打造出开放式的 LDK。

4 Lowcost

The Rule of the Housing Design

透过物美价廉的设计
来兴建住宅

1050
万日元
（1600万日元）

32坪

profiling:01 space agency

Ara1000 House

\ 这点很有特色 /

主妇观点的房间格局
与店铺风格的室内装潢

在 4 间（1 间约为 1.818m 见方）大的经济实惠的方型空间内，采用「宽敞的 LDK」与「重视家事动线的房间格局」这些便利性来呈现特色。利用店铺设计经验而设计出来的室内装潢也是受欢迎的秘诀。

○ Ara1000 House 的基本规格

〔结构／面积〕
结构：木造轴组工法
建筑面积：53.00m^2（16 坪）
总建筑面积：105.16m^2（32 坪）
建筑物高度：7.469m

〔设备〕
厨　房：Bb（YAMAHA Livingtec）
（译注：YAMAHA Livingtec 目前已更名为 TOCLAS）
浴　室：Beaut（YAMAHA Livingtec）

〔装潢〕
地板（LDK）：复合式地板
地板（玄关）：300mm 见方磁砖
天花板：塑胶壁纸
楼梯：橡胶拼接板（装潢建材）
屋顶：镀铝锌钢板 0.4mm 厚
外墙：纤维水泥板 15～16mm
门窗隔扇：现成的门窗隔扇（大建工业）

〔性能〕
窗户：铝材树脂复合型窗框（MADIOP）＋双层玻璃
屋顶隔热：岩棉 75mm 厚
外墙隔热：岩棉 55mm 厚
Q 值：2.8
地基隔热：挤压成型聚苯乙烯发泡板 25mm 厚
防火性能：中央部会所规定的防火规格（由业主选择）

虽然内外装修的装潢建材为一般建材，但用水设备会统一采用中～高级的 YAMAHA 产品

Ara 1000 House 的基本设计方案（S=1：180）
标准方案

先放入吸尘器等较高的物品

空间较大，约有 10 坪

1 楼

虽然采取的是要通过客厅才能上 2 楼的方案，但没有采用客厅楼梯，而且还把厕所设置在楼梯下方，以节省空间。

楼梯下方变成了食品储藏室

2 楼

自订方案

在许多自订方案中，会增设和室、阳台

1 楼

2 楼

追求既方便又多功能的设计

重视关于「会待很久的厨房」与「增加了房间使用方式的卧室」的提案

收纳空间与冰箱位置的设计

虽然是吧台式厨房，但冰箱位在抽油烟机的深处，从客厅看不到冰箱的门与内容物。另外，我们只要打开左方照片深处的门，就会看到左下方那张照片中的食品储藏室。该空间位于楼梯下方。此外，位于厨房背后的是右下方照片中的大收纳柜。

厨房旁边的电脑桌

在厨房与餐厅旁设置共用的电脑桌。妈妈可在此处看食谱，小孩也可在这里写家庭作业，很方便。绿色的墙壁是黑板，可当作备忘录等（选购）。

让卧室变得多功能

由于2楼有充裕的空间，所以可以在卧室旁边设置步入式衣橱与迷你书房。另外，业主对于「借由在卧室内设置 Apple TV 与投影机来打造便宜的家庭剧院」这种提案也有不错的评价。

透过高侧窗／下照灯／间接照明来打造清爽的空间

「让天花板与墙壁看起来很美」是室内装潢设计的基础。因此，我们要在窗户与照明器具上下功夫。

利用高侧窗来确保墙壁空间

在调整室内装潢时，墙壁是重点。 由于高侧窗能够一边确保墙壁空间，一边达到采光与通风的作用， 所以要积极地利用。

漂亮地呈现天花板

在天花板上，不设置嵌灯，而是把 LED 上照灯当作标准配备。在某些例子中，人们也会采用可自由选购的间接照明。

自订方案（实例）剖面详图（S=1 ∶ 60）

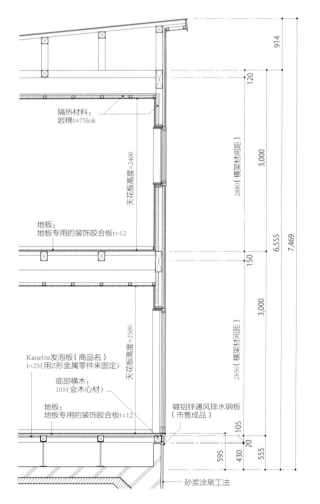

隔热材料：
岩棉t=75lok

天花板高度=2400

地板：
地板专用的装饰胶合板t=12

Kanelite发泡板（商品名）
t=25(用Z形金属零件来固定)

底部横木：
105(会木心材)

地板：
地板专用的装饰胶合板t=12

天花板高度=2500

镀铝锌通风排水钢板
（市售成品）

砂浆涂刷工法

914
120
3,000
2880(横架材间距)
6,555
150
7,469
3,000
2850(横架材间距)
105
595
430
20
555

自订方案（实例）平面图（S=1 ∶ 150）

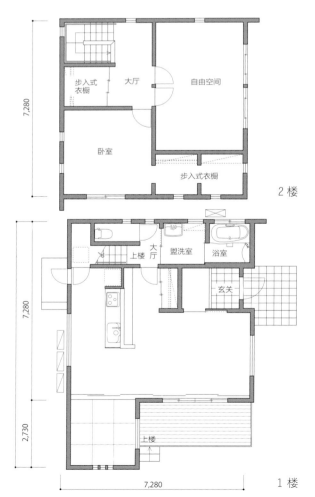

步入式衣橱

大厅

自由空间

卧室

步入式衣橱

7,280

2 楼

上楼

大厅

盥洗室

浴室

玄关

上楼

7,280

2,730

7,280

1 楼

＼ 这点很有特色 ／

透过「新成屋 + α」的价格
来提供高品质的素材与空间

WOODSHIP 是一家由两人经营的小公司。他们降低固定成本，限制范围，并将所有流程合理化后，提供他们精心设计的高质感住宅。

● WOOD BOX 的基本规格

〔结构/面积〕
结构：木造轴组工法
建筑面积：59.52m²（18坪）
总建筑面积：102.48m²（31坪）
建筑物高度：7.03m

〔设备〕
厨房：NORITZ
浴室：NORITZ
其他设备：Ecojozu 节能热水器

地板：杉木
墙壁：土佐和纸
天花板：土佐和纸
楼梯：杉木
屋顶：镀铝锌钢板
外墙：镀铝锌钢板
门窗隔扇：椴木胶合板平面门

〔性能〕
窗户：铝材树脂复合型窗框 + 双层玻璃
屋顶隔热：NEOMA 发泡
外墙隔热：高性能玻璃棉 16K 100mm 厚
地基隔热：挤压成型聚苯乙烯发泡板第3型 50mm 厚
Q值：不明
防火性能：节能等级4；耐震等级3（长期优良住宅标准规格）

功能材料与装潢建材的规格大致上与价格位在「中上」范围的建筑物相同。

正视图（S=1：80）

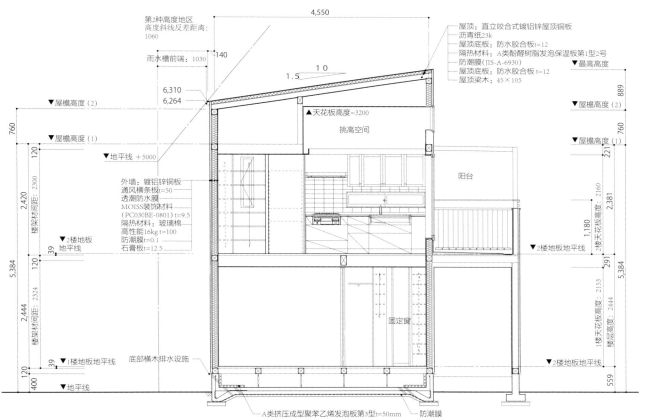

125

LDK 生活空间很丰富的一室格局空间

虽然 LDK 是一室格局空间，但我们会透过「设置丰富的生活空间」来让家人在无意中聚集起来。

把落地窗提高到可以坐下的高度

把 2 楼客厅的落地窗提高约 30 cm，使其与阳台相连。该处会成为长椅，而且紧邻天花板的开口部位的高度会达到 2200 mm。

事先在其他工厂将楼梯裁切好

与其他结构材料不同，我们会事先把日产木材拿到裁切工厂切成楼梯。只要在「由梁木裁切而成的楼梯斜梁侧板」上嵌入三层式杉木板来当作踏板，就能完工。

高质感的优质装潢与简单朴素的结构工法

在 LDK 的地板方面，我们会从一级杉木材中挑选出质感匀称的类型。基本上，墙壁与天花板会采用土佐和纸壁纸，不使用天花板收边条。地板收边条为木制，并会装设在石膏板上。正面部分会控制在 40mm 内。 另外，采用灰泥涂料时，会透过嵌入硬木来保护转角部分（右下方照片）。

透过固定窗来清楚呈现景色

在设计「眺望风景用的窗户」与「外观整洁的窗户」时，只要采用固定窗的话，就能清楚地呈现景色。为了避免阳光不小心照进来，所以在施工时，只要多留意方位等要素，窗户就能发挥作用。

榻榻米区与电脑桌

业主对于 LDK 附近的两大需求为，设置榻榻米空间与电脑桌（共用书房）。电脑桌采用嵌入式工法制作而成。

施工性佳，外观也很清爽

内外门窗隔扇的结构工法会影响建筑物的气氛。清爽的结构工法能够提升高级感。

窗框的结构工法（S=1：6）

借由椴木芯胶合板制成的基底来固定L型金属片后，就能直接固定窗框。

基底：椴木芯胶合板

▲2,100〜2,150

L型金属片

天花板：石膏板t=9.5
并贴上和纸

窗台：云杉

借由「抑制天花板高度」来在高度2200mm的现成窗框的范围内制作出紧邻天花板的开口部位。

MOISS
装潢材料

墙壁：石膏板
t=9.5并贴上和纸

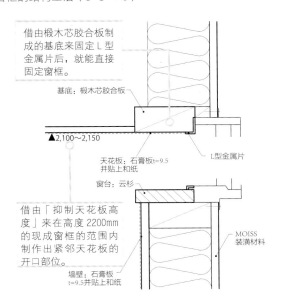

能使窗框与天花板对齐的简洁结构工法

把窗框的上框固定在「用来当作基底的木芯胶合板」上，并把下框固定在窗台上后，就能让窗框与天花板对齐。不会破坏开口部位的连贯性。

受欢迎的要点　线条很少的清爽空间

此设计受欢迎的理由在于，我们用了许多天然素材，并用低廉的价格将其组合起来，打造出「很有建筑师住宅风格，而且又相当简约的开放式空间」。我们透过「适当的施工顺序与指示」与「重视施工性的结构工法」来实现这种设计。

在内部门窗隔扇方面，采用悬吊门或无框设计

使用拉门来当作内部门窗时，会选择悬吊门，并把天花板的细长木材固定在悬吊门轨道上。金属零件只会突出板材表面数mm，大致上是对齐的（右侧照片）。若采用铰链门的话，则会省略上框（左侧照片）。

悬吊门的结构工法（S=1：6）

天花板细长木材30
石膏板t=9.5并贴上墙纸

悬吊门轨道
（H=20）

36

椴木胶合板平面门

竖框：云杉

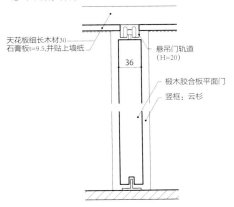

天花板细长木材30
石膏板t=9.5并贴上墙纸

悬吊门轨道
（H=20）

门挡

纯杉木地板

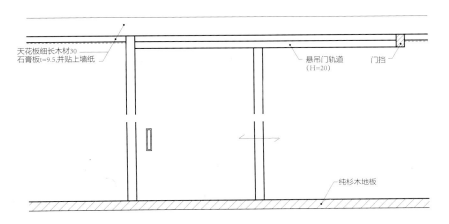

一边留意设计，一边依照成本效益来选择设备

彻底寻找并采用物美价廉的设备，让内行业主感到赞叹。

要在用水处贯彻成本效益

在厨房与浴室等用水处，我们会从价格较便宜的产品中挑选出「功能与设计性都被视为最佳的产品」当成标准设备。厨房系统柜采用的是 NORITZ 的「Beste」I 型 2550（有配备洗碗机 / 玻璃面板瓦斯炉与无滤网式薄型抽油烟机），整体浴室是 NORITZ 的 Clesse JX1616 型，洗手台是 SANWA COMPANY 的 PLAIN-V UPRIGHT 型（W = 750mm）。

操作面板要集中设置

只要把对讲机与浴室的热水器等设备的操作面板集中在同一处，就不会妨碍室内装潢。为了避免破坏便利性，所以在决定设置场所时，也要同时考虑到动线。

透过间接照明与下照灯来让天花板变得清爽

天花板不设置嵌灯，而是透过间接照明与下照灯来确保亮度。只要在餐厅等处使用象征性很高的吊灯，就会很上相。

受欢迎的要点　彻底调查物美价廉的产品

连细部都经过彻底检验的规格能让内行业主感到赞叹。我们并非是以价格为前提，而是把「能实现（不阻碍）我们所追求的设计与性能」这一点当作前提来仔细研究，基本部分反而可以说是高规格。

受欢迎的要点　在经营上，要彻底减少浪费

我们会彻底地采取节省经费的方针。透过「少人数（2人）经营、自宅兼事务所、把范围限制在邻近的市町村、将设计标准化」等方式来提升工作效率。采用这种方法时，老板从设计到现场监工都必须样样精通才行。

便宜的要点　利用没有竞争对手的优势来缩短事前会议的次数

以 WOOD BOX 的价格范围来看，没有其他竞争对手。整修设计公司能够主导事前会议。

洽谈窗口　透过网络

许多人都是在网络上得知WOOD BOX后才与我们洽询的。也有一定数量的人会透过住宅入口网站来到我们的网站首页。在实际业主中，我们经手了数件新成屋与天然素材住宅，也有许多人会来参观、研讨。

▼

事前会议次数　约3次

由于潜在业主会根据研究天然素材住宅等的经验来得知！「以这种价格范围来取得这种规格的住宅」这一点的难度，所以他们不会提出不合理的要求（我们会拒绝提出不合理要求的业主）。
事前大多开个 2～3 次会议后，就会签约。

▼

施工期间　3个月

由于我们采用的是容易施工的小型住宅形态与结构工法，所以能够缩短工期。由于我们会把范围限制在邻近的市町村，所以监工频率很高，「业主一有质疑，就能立刻回答」这一点也是缩短工期的秘诀。缩短工期而节省下来的经费可以用来当成其他施工现场的调整费。

依照格子结构来打造合理的房间格局

骨架是箱型的钢架结构。我们会透过单斜面屋顶与窗户配置来巧妙地增添变化。

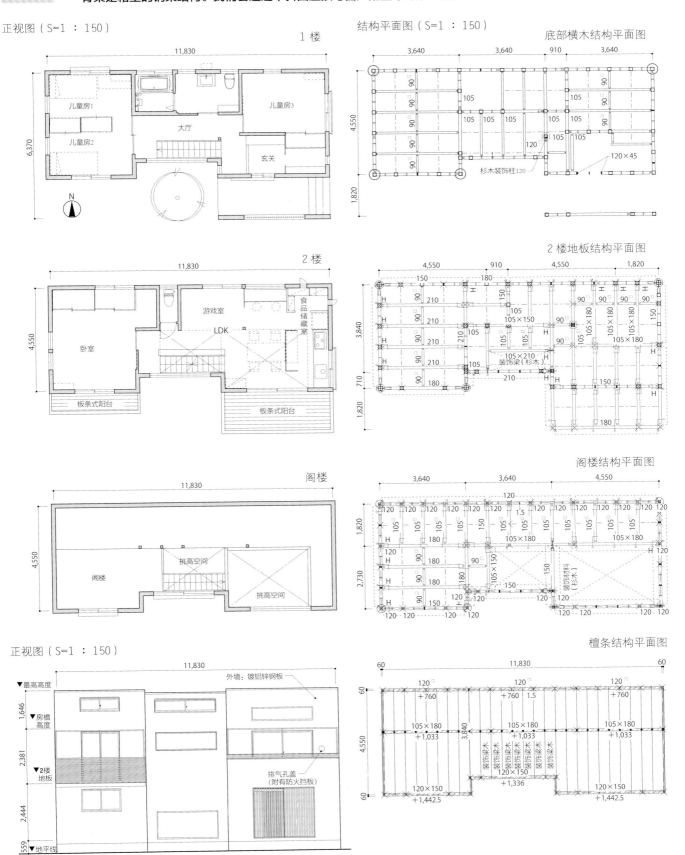

正视图（S=1∶150）　1楼

结构平面图（S=1∶150）

底部横木结构平面图

2楼

2楼地板结构平面图

阁楼

阁楼结构平面图

正视图（S=1∶150）

檩条结构平面图

\ 这点很有特色 /

「利用绝对不随便变更设计」这一点来使装潢／设备提升 2 个等级

在 hacore 的设计方案中，原则上是不能变更设计。不过，由于我们能够借此来减少设计与施工的工夫，并降低结构材料的成本等，所以我们能以较低的价格来采用高品质的装潢与设备。

○ hacore 的基本规格

〔结构／面积〕
结构：木造框组工法
建筑面积：52.79㎡（15.96 坪）
总建筑面积：96.05 ㎡（29.05 坪）
建筑物高度：6.556m

〔设备〕
厨房：Takara standard
浴室：整体浴室（采用磁砖装潢）
其他设备：瓦斯型热水地板、瓦斯型浴室暖风干燥机（kawakku 系列）

〔装潢〕
地板：树脂砖、合式地板
墙壁：塑胶壁纸
天花板：塑胶壁纸
楼梯：组合式楼梯
窗户：（窗框＋玻璃）
屋顶：镀铝锌钢板
外墙：纤维水泥板

〔性能〕
屋顶隔热：硬质氨基甲酸乙酯发泡板（现场发泡）120mm 厚
外墙隔热：岩棉 90mm 厚
Q 值：不明（C 值＝0.2）
地基隔热：挤压成型聚苯乙烯发泡板 50mm 厚
节能标准等：无特别之处
防火性能：符合中央部会规定的防火建筑

与住宅的价格相比，设备／装潢的规格会提升 2 个等级。包含隔热性能在内的性能方面则是标准规格。

剖面图（S＝1：150）

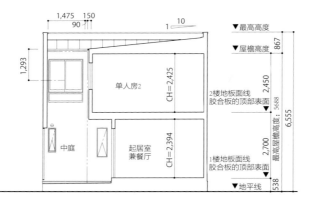

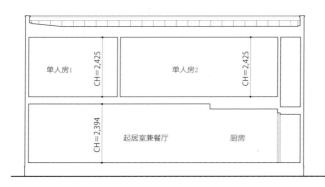

便宜的要点

透过「不变更设计方案」来大幅减少开会次数，并缩短工期

「原则上无法变更设计方案」这项规定对于「减少开会次数」与「缩短工期」有很大贡献。

洽谈窗口　透过网络

除了透过网络来揽客以外，我们还会在住宅分售地内经营以贩售为前提的样品屋等。

▼

事前会议次数　约3次

由于原则上不变更设计方案，所以事前会议顶多只会开三次。不过，我们可以接受「增加隔间」或「调整玄关」等轻微变更。

▼

施工期间　2～3个月

由于设计方案与结构工法都是固定的，所以如果条件很好的话，只需 2 个月的工期就能交屋。工期的缩短对于木造框组工法的实绩也很有帮助，一年内我们已处理超过 100 栋住宅。

LDK 利用中庭打造出一个不用开门，就能很明亮的开放式空间

借由让 LDK 与中庭相连，让明亮的光线从上方照进关上门的 LDK。

1. 从厨房这边观看以白色为基调的明亮 LDK。地板所采用的树脂砖是一种具备高级质感的素材。2. 从 LDK 观看中庭。虽然中庭原本会被格子门遮住，但我们也会如同照片中那样，准备可自由开关的门来供业主选购。3. 二楼的起居室由地板、贴上白色壁纸的墙面与天花板所构成。

透过大型的组合式家具等物来将 2 楼的大空间区隔开来，也可将此处当成孩子的房间。

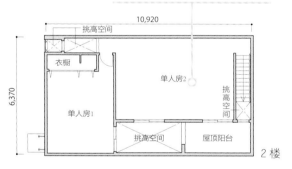

2 楼

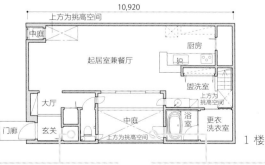

1 楼

虽然玄关是个小空间，但还是要确保最低限度的收纳空间。

为了让中庭朝向 1、2 楼的所有起居室，所以要把中庭配置在南侧中央。

受欢迎的要点 不改变设计方案，而是在结构材料方面下功夫

虽然我们不会改变设计方案，但我们会相对地准备便利性很高的建筑配件。

不需要调整设计方案就能设置的厕所

当 2 楼需要厕所时，可采用能设置在外墙外侧的组合式厕所。

兼具隔间墙作用的组合式收纳柜

为了将宽敞的 2 楼空间隔开而准备的组合式收纳柜。不需在天花板与地板上打洞，就能将其固定。

131

由人造大理石制成的大型洗手台

设置造型简约的洗手台。大阪瓦斯住宅设备公司原创产品（TOTO）。

台面采用人造大理石制成的厨房系统柜

厨房采用的是大阪瓦斯住宅设备公司的原创产品（Takara standard）。

受欢迎的要点

透过「不变更设计方案」来使装潢与设备提升 2 个等级

在设计／施工方面所省下来的工夫对于「采用高品质的装潢与设备，以提升顾客满意度」很有贡献。

透过磁砖装潢与玻璃门来打造出具有开放感的浴室

以「很有设计感的浴缸与高级磁砖」为特色的「Oval」（日暮里化工）。

主要起居室的地板采用树脂砖

这种具有高级感的白色树脂砖叫作「ROYAL STONE」（TOLI）。

透过关上格子门来打造出私人中庭

由于格子门平常是关上的，所以此外部空间的隐蔽性很高。

可自由开关的外墙格子门

如同左图那样，虽然格子斗原本是关上的，但我们也可以采用可自由开关的设计。

玄关台阶装饰材采用人造大理石

为了让地板表面的树脂砖与设计呈现一致性，所以玄关台阶装饰材采用人造大理石。

使用市售成品来漂亮地打造出「传统」风格的住宅

把窗户的配置、天花板高度、柜门、室内门的结构工法等建筑师所讲究的「漂亮结构工法」融入到「有考虑到施工性与成本，且具备通用性的结构工法」中，并加以活用。由于我们会一边留意趋势，一边将空间整合成不标新立异的传统风格，所以广泛年龄层的业主都能接受。

● JUST201 的基本规格

〔结构/面积〕
结构：木造轴组工法
建筑面积：67.65m²
总建筑面积：124.65 m²
建筑物高度：8m

〔设备〕
厨房：Living Station
S 级（Panasonic）
浴室：La . BATH TASTE
厕所：A.La.Uno S
热水器：EcoCute

〔装潢〕
地板：纯木地板（栎木）+ 涂上 KINUKA（米糠制护木油）
墙壁：壁纸
天花板：椴木胶合板
（采用板材缝隙工法）
装饰用金属零件：KAWAJUN
室内门：KamiyaCUBE 系列（神谷公司）
玄关大门：AVANTOS
（LIXIL TOSTEM）
窗户：铝制窗框 + 低辐射双层玻璃

屋顶：Color Best （KMEW）
外墙：镀铝锌钢板（褐色）
阳台：jolypate 涂料（AICA 工业）
木制露台：宫崎县产的杉木

〔性能〕
劣化对策等级
（注：建筑结构耐久度的等级）
3
耐震等级 2 以上
管线维护管理对策等级 3
节能对策等级 4
长期优良住宅

※ 太阳能发电与外部结构工程不包含在标示金额内。

受欢迎的要点 　内外皆美的玄关周围部分会决定第一印象

白色阳台会成为其外观的特色，为了搭配阳台，玄关也会设计成白色的。借由「把玄关设置在较内侧的位置，使其被周遭部分围住」来呈现出沉稳的风格。玄关的收纳柜采用椴木胶合板，可呈现出既休闲又高雅的风格。

受欢迎的要点 　可使餐厅变得明亮的风景窗

与客厅相比，餐厅的采光常会被忽略。说到餐厅照明的话，肯定会提到吊灯。光是透过「在墙上设置一个四角形的窗户，让室外的绿意与光线融入餐厅」，就能打造出既明亮又舒适的餐厅。

即使把 LDK 的功能分开，还是能呈现出整体感

在没有走廊的大空间内采用一室格局的设计方案，一边划分功能，一边让装潢呈现一致性， 然后将开口部位与天花板的线对齐，缓缓地使其相连。

不设置门扇或隔间墙

虽然我们会让 LDK+ 和室的功能各自分开，使其独立，但我们不会设置室内门或隔间墙，而是温和地将各个房间相连（左侧照片）。厨房采用的不是吧台式厨房，而是独立空间，从客厅与和室都看不到厨房。走廊深处的收纳柜的门紧邻天花板，看起来与墙壁融为一体（右侧照片）。

能融入客厅的和室装潢

位于客厅侧面的日式客厅是和室，家人可以在此躺着或坐着，孩子可在此写功课，总觉得很方便。让客厅与天花板的装潢相连，以消除阻塞感。 和室与地窗（注：邻接地板的小窗）很搭，而且也具备采光作用。另外，我们只要在壁龛的素材上下一点工夫，就能呈现出优雅的现代风格。在左下方照片的例子中，壁龛的素材采用的是拼接板，并上了漆。

柱子直下率 ※ 达到 90% 的良好平衡房间格局

借由提升柱子与墙壁的直下率，也就是取得结构的一致性，来提升住宅的耐震度。
不仅如此，我们还要把住宅设计成既自然又协调的美丽形状。

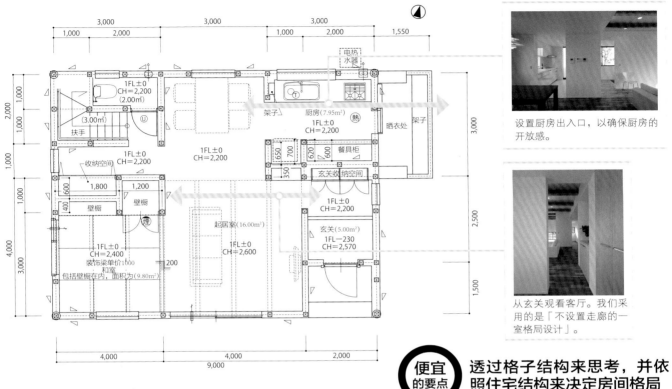

平面详细图（S=1：100）

设置厨房出入口，以确保厨房的
开放感。

从玄关观看客厅。我们采
用的是「不设置走廊的一
室格局设计」。

便宜
的要点

透过格子结构来思考，并依照住宅结构来决定房间格局

由于我们会依照住宅结构来决定房间格局，所以不需要使用特殊的工法与材料。因为使用的结构材料种类也会减少，所以能够降低成本。另外，借由降低高度，也能有效地减少墙壁面积。

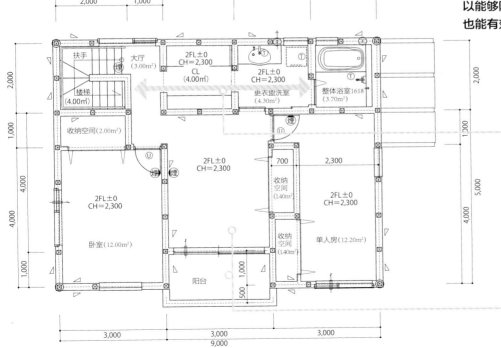

让步入式衣橱与盥洗更衣室相邻，
以提升便利性。

休闲室的定位相当于第二个客厅。
2 楼也不设置走廊。

※ 直下率指的是，「2 楼的墙壁、柱子」与「1 楼的墙壁、柱子」的位置吻合率。

＼ 这点很有特色 ／
透过差层式结构来实现的
丰富收纳空间与 3 个大空间

虽然建筑面积很小，不过我们能够借由「采用差层式结构等，并在纵向的设计方案上下功夫」来确保很大的收纳空间与 3 个宽敞的起居室。

○ carugo 的基本规格

〔结构／面积〕
结构：木造框组工法
建筑面积：51.61m2（18.03 坪）
总建筑面积：113.44m²（34.31 坪）
建筑物高度：8.354m

〔设备〕
厨房：Takara standard
浴室：整体浴室（INAX）
其他设备：瓦斯型热水地板、瓦斯型浴室暖风干燥机（kawakku 系列）

〔装潢〕
地板：复合式地板（起居室）树脂砖（餐厅兼厨房）磁砖（玄关）
墙壁：塑胶壁纸
天花板：塑胶壁纸
楼梯：组合式楼梯
窗户：铝制窗框 + 双层玻璃
屋顶：装饰板岩
外墙：壁板

〔性能〕
屋顶隔热：硬质氨基甲酸乙酯发泡板（现场发泡）120mm 厚
外墙隔热：岩棉 90mm 厚
Q 值：不明（C 值 =0.2）
地板隔热：挤压成型聚苯乙烯发泡板 50mm 厚
节能标准等：无特别之处
防火性能：中央部会所规定的防火规格

虽然隔热性能等很普通，但其装潢建材与设备的规格与同公司的 hacore 相同，而且显然比同样价格范围的住宅高出许多。

收纳空间

在阁楼与地板下方设置很大的收纳空间

只要使用梯子，就能进入阁楼与地板下方的巨大收纳空间。

2 楼地板下方的收纳空间

在上面这张照片中，窗户是通往玄关的，我们可以从该处取放物品。

阁楼的收纳空间

使用设置在墙壁缝隙中的梯子来进出阁楼的收纳空间。另外，此处也有较小的收纳空间。（右下方照片）

在有限的空间中确保 3 个大空间

借由「在 1 楼、2 楼、2 楼上方铺设地板」来成功地确保 3 个大空间

2 楼上方的起居室空间

虽然屋檐边缘附近的天花板较低，不过由于屋顶很高，墙上也有窗户，所以不会产生压迫感。

2 楼的开放式餐厅兼厨房

设置在住宅中央的餐厅兼厨房。与 hacore 相同，地板采用白色树脂砖以呈现出干净明亮的空间。也可以在侧面的窗外增设阳台。

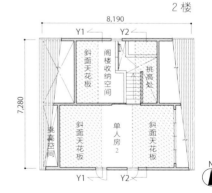

1 楼的明亮客厅

光线会从大开口部位与挑高空间照进来，使 1 楼的客厅变得非常明亮。

平面图（S=1∶200）

平面图（S=1∶200）

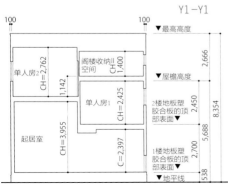

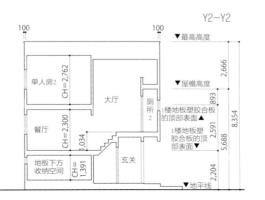

carugo 的外观

由于设计方案已经决定了，所以小窗户位置的设计也会给人很深刻的印象。

1500 万日元

29 坪

MiNi PROT (art home)

\ 这点很有特色 /

在完全固定的设计方案中，
透过家具来打造个性化「空间」。

这种以「单一方案 / 均一价」来经营的标准化住宅很少见。

可以透过「很高的基本性能、很有整体性的外观设计、原创家具」来创造出个性化空间。

● Mini PROT 的基本规格

〔结构/面积〕
结构：木造轴组工法
建筑面积：52.99m² （16 坪）
总建筑面积：96.05~132.06 m²
（29~40 坪）
建筑物高度：5.954m

〔设备〕
厨房：OFELIA（Takara standard）
浴室：Panasonic Eco Solutions AWE
其他设备：热水式面板型电暖炉

〔装潢〕
地板（起居室）：纯木地板（一部分为软垫地板）、氨基甲酸乙酯涂料
地板（玄关）：磁砖
天花板：塑胶壁纸
墙壁：塑胶壁纸
楼梯：四分松（quarterpine）（木工工法）
屋顶：镀铝锌钢板
外墙：镀铝锌钢板 + 石材风格喷涂工法
门窗隔扇：ATELIA（NODA）

〔性能〕
窗户：树脂窗框 + 含有氩气的低辐 射双层玻璃
屋顶隔热：酚醛树脂发泡板66mm 厚
外墙隔热：酚醛树脂发泡板50mm 厚
Q 值：1.51 ~ 1.38
地基隔热：挤压成型聚苯乙烯发泡板第 3 型70mm 厚
节能标准：等级 4
耐震等级：等级 2

内外装修等的规格很传统。透过设计来使其个性化。

29 坪型住宅的正视图（S=1：150）

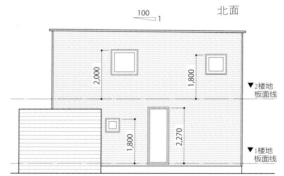

北面

东面

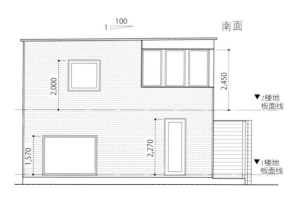

南面

西面

LDK 以暗色调等为基调的室内装潢

以深褐色的地板木材为基调，厨房与家具也会透过暗色调的室内装潢来整合。

呈现明显差异的空间配置

把1楼天花板高度控制在2224mm，使其和「客厅与楼梯的挑高空间」产生明显差异。

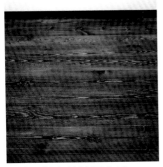

涂成深褐色的地板木材

地板木材会以「用欧斯蒙彩色涂料涂成深褐色的欧洲云杉」为标准。另外，也有栎木等规格可供选择。

设计性很高的标准配备

在选择「玄关收纳框等各类原创收纳柜、洗手台、热水式面板型电暖炉」等标准配备时，我们会采用设计性很高的产品。

把深色调当作基调的室内装潢

由于涂成深褐色的纯欧洲云杉木是室内装潢的基础，所以收纳用品、厨房系统柜、照明、百叶窗等都会采用相同的色调来当作基调。在家具方面，由于该公司的原创产品很丰富，而且有很多与这种色调的空间很搭的家具，所以许多客人都会同时购买家具（这点跟「在挑选现成家具时，很少能找到适合这种色调的产品」也有关）。

Mini PROT 外观

以高侧窗为主的窗户配置能使房屋外观呈现出清爽的印象。

29 坪型住宅的正视图（S=1：150）

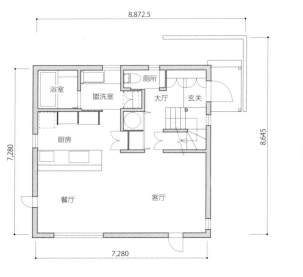

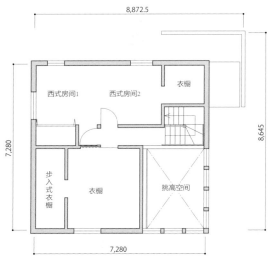

29 坪型住宅的餐厅、客厅展开图（S=1：80）

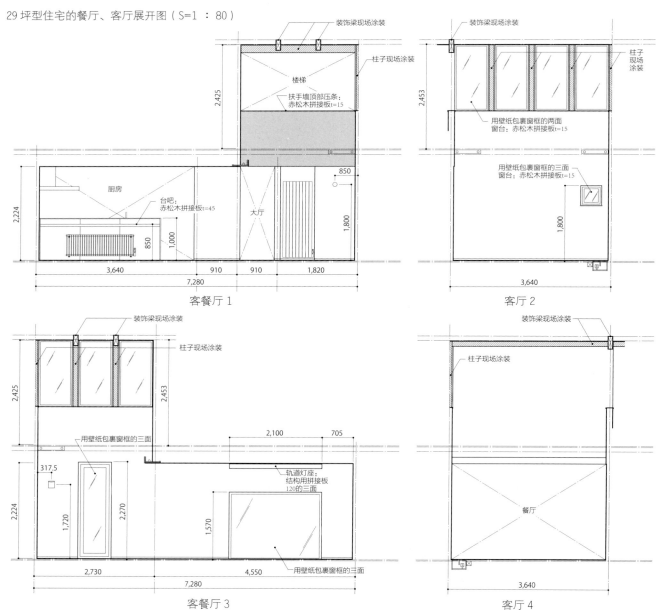

客餐厅 1

客厅 2

客餐厅 3

客厅 4

\ 这点很有特色 /

在有限预算内，通过使用许多天然素材来打造现代日式风格

不会要求木匠等人需具备特别的本事。我们所追求的是，以平均水准的工匠技能为前提，能够一边确保性能，一边打造出美观外表的高效率施工方式。重点在于天然素材与木工部分的处理。

○ 素之家的基本规格

〔结构/面积〕
结构：木造轴组工法
建筑面积：58.0m²（17.5 坪）
总建筑面积：116.0m²（35 坪）
建筑物高度：约 7m

〔设备〕
厨房：TOTO（LK）、IKEA 等
整体浴室：TOTO（sazana）
也可采用「半套式浴室（注：只由高度比浴缸低的设备所组成）」

其他设备（选购）：EcoCute
煤油热水器、强制供排气式
煤油暖气机、储热式电暖器

〔装潢〕
地板：杉木 15mm 厚
天花板：丙烯酸乳胶漆、灰浆、壁纸
墙壁：杉木、壁纸
楼梯：橡胶拼接板（木工工法）
屋顶：无轴木瓦棒型镀铝锌屋顶 钢板
外墙：杉木、镀铝锌钢板、壁板

〔性能〕
窗户：铝材树脂复合型窗框＋低辐射双层玻璃
屋顶隔热：高性能玻璃棉 100～200mm 厚
外墙隔热：高性能玻璃棉 100mm 厚
地基隔热：挤压成型聚苯乙烯发泡板第 3 型 50mm 厚
Q 值：约为 2.0～2.5
节能标准：等级 4 以上
耐震等级：防火等级：适当等级

在木材的使用方面，我们拥有丰富的经验，对自己很有自信。从内外装修到木工部分，都会使用很多木材。

剖面图（S=1：80）

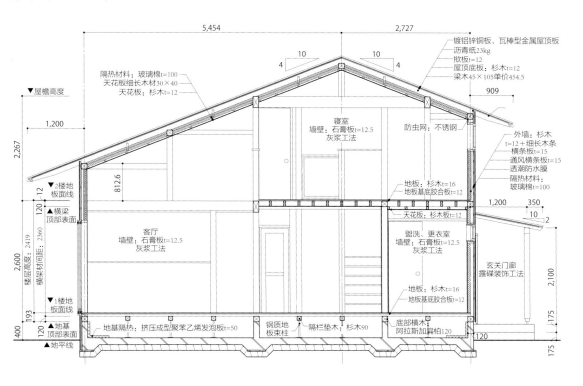

透过简单的木工装潢来为结构外露的空间增添变化

透过一般的组合方式来让中等木材外露，
不需增加成本就能在剖面结构与内部装潢方面增添变化

由木造装潢＋不锈钢板面所组成的厨房

用木芯胶合板来制作工作台（柜台），并用不锈钢制的顶板将其覆盖，就能打造出简单又便宜的木造厨房。把现有的收纳柜与设备装进下方。

真壁型墙壁／结构外露的空间

LDK 采用的是配备了吧台式厨房的一室格局设计。借由采用真壁型墙壁来让简单的结构直接外露，就能为箱形空间增添变化。

透过木造装潢来为洗手台增添变化

如果洗手台的设计很简约的话，即使采用原创制作，也不会很昂贵。由于洗手台与水龙头很容易呈现出特色，所以会依照屋主的想法来挑选产品。

在门窗隔扇方面，也活用市售成品

要尽量减少「采用订□的话，就会变得很贵□的门窗隔扇的数量，利用不会让人觉得讨□的市售成品。上方照□中的拉门是铁杉木制□市售成品。不过，在□要的部分，我们会像□方照片那样，使用门□隔扇专家所制作的产品

便宜的要点　能减少隔间墙、门窗隔扇数量的设计方案

把 LDK 视为一室格局，透过家具等来使隔间降到最低限度。借由这种设计方案，就能减少隔间墙与门窗隔扇，并降低成本。

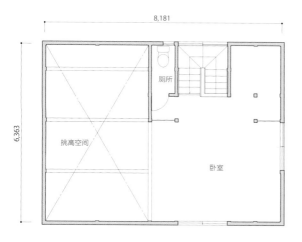

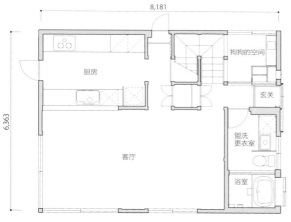

受欢迎的要点　容易呈现出个性的粗犷风格空间

在宽敞的一室格局空间中，只要使用杉木等廉价的天然素材来包覆空间，就能打造出稳定的受到首购族喜爱的「粗犷风格空间」。借由不要讲究树种与目视等级，就能用较低的预算来提升质感。

许多年轻业主会给予「孩子可以跑来跑去」这样的评价。

便宜的要点　追求合理的骨架结构，使其兼具经济效益与耐震度

透过刚架结构来算出建筑物的大小，并同时透过结构计算来使住宅兼具挑高空间与有效的承重墙，使耐震等级能够达到 3。

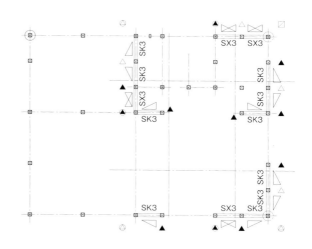

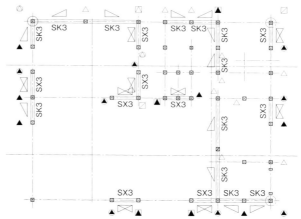

受欢迎的要点　休闲的现代日式风格

采用刚架结构与容易施工的屋顶斜度。借由平均水准的施工量，在可施工的范围内，多留意细部的结构工法与装潢，以维持平衡的风格，使风格不会过于「普通」，也不会过于「尖锐」。

以中等木材为主，所以风格不会偏向和风，而是会呈现出休闲风格。时下的廉价家具也会变得有模有样。

＼ 这点很有特色 ／

完全订制住宅的开端
为「标准化」

许多来到 100 之家的业主最后都采用了订制住宅。
我们透过「把规格方案放在首位，并明确标示价格」这种做法来降低揽客的难度，而且能够在短时间内把规格与业主的需求整理好。

● 100 之家的基本规格

〔结构 / 面积〕
结构：木造轴组工法
建筑面积：57.96m² （17.5 坪）
总建筑面积：115.9 m² （35 坪）
建筑物高度：约 6.9m

〔设备〕
厨房：YAMAHA 宽度 2400mm
浴室：YAMAHA 1 坪型
洗手台：YAMAHA
厕所：TOTO（Washlet）

〔装潢〕
地板：桧木或杉木（起居室＼用水处）、磁砖（玄关）
墙壁：和纸
天花板：和纸
楼梯：拼接板
屋顶：镀铝锌钢板
外墙：壁板 16mm 厚

性能〕
窗户：铝材树脂复合型窗框 + 双层玻璃
屋顶隔热：硬质氨基甲酸乙酯发泡板（现场发泡）80mm 厚
外墙隔热：硬质氨基甲酸乙酯发泡板（现场发泡）50mm 厚
地板隔热：膨胀聚苯乙烯发泡板 80mm 厚
Q 值：没有计算
节能标准等：性能标示等级 4
防火性能：无特别之处

由于公司的本业是木材店（建材店），所以能以较低的价格使用大量木材。

受欢迎的要点 ## 原创的估算系统

我们在网站上放了一个「只要选择性能与规格，就会自动计算出价格的系统」。在开事前会议时，可以一边透过 iPad 来使用网站上的系统，一边确认规格与总预算。我们采用了电脑公司估价系统的观点。

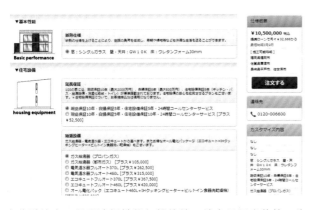

在此系统中，只要选择性能与规格等，就会显示出价格。为了在被拿来与其他公司比较时，也能保持优势，所以我们会事先写上真正的价格。

便宜的要点 ## 透过标准化来有效缩短事前会议的时间

首先，在标准化住宅的案例中，第一步就是开事前会议，所以即使业主在途中变更成订制住宅，我们也能在短时间内调整方案。

洽谈窗口 透过网络
许多人都是透过网络或展会等方式得知 100 之家后，才来进行洽询。由于我们降低了底价，并公开了规格与价格，所以业主能够带着「总之先确认看看吧」这种心情来洽询。

▼

事前会议次数 约 3 次
开完首次事前会议后，我们会以设计方案费 5 万日元的价格来制作设计方案，然后再次进行事前会议。接着，业主大多会根据修改过的设计方案来跟我们签约。我们的经营风格为，不追逐业主，而是等待业主向我们洽询。

▼

施工期间 3 个月
有时也会遇到「住宅较小，连细部规格也要修正」的情况，施工期约需 3 个月。施工现场的合理化是我们今后要研究的课题。

一边把和室融入，一边呈现出休闲气氛

业主对于榻榻米房间的需求是根深蒂固的。
我们会透过「更改过内侧距离、尺寸等的现代式结构工法」来处理这一点。

看起来不像市售成品的室内门窗隔扇

门窗隔扇的规格为，高度 2400mm，紧邻天花板的 Panasonic 制门窗隔扇。借由「把天花板降低约 20 圆，使金属挂钩完全嵌入天花板内」来使其看起来有如订制产品。

结构材料外露的挑高天花板

在 LDK 内，让横梁外露，突显素材质感，并同时增加天花板高度。横梁底部高度约为 2500mm，很有开放感；在照明方面，以聚光灯为主。由于器具太大的话，会很扫兴，所以我们建议使用含有「迷你氙气灯泡尺寸的 LED 灯泡」的小型廉价产品。

透过相同的天花板高度来连接客厅与和室

和室的天花板高度也是 2400mm，与客厅对齐。

没有柱间横木的和室

由于在许多案件中，业主双亲的意见很有影响力，所以对和室（有榻榻米的房间）的需求很高。只要让天花板与客厅对齐，并省略柱间横木的话，就能打造出年轻世代也会喜欢的清爽风格和室。

使用了「WARLON 拉门纸」的简约格子拉门

透过紧邻天花板的格子拉门来将和室与客厅隔开。借由不制作垂壁来打造出清爽的现代空间。借由「把窗框加大，并使用 WARLON 拉门纸」来适度地呈现出现代风格。

由市售门扇成品与木工装潢组成的收纳空间

厨房的餐具柜是由「含有经过氟化氢加工的玻璃的门扇成品」与木工装潢所组成，可降低成本。在收纳部分装上「棚架支柱」，使架子变得能够自由调整位置。

LDK 为一室格局

厨房为吧台式厨房，而且吧台很长。

样品屋平面图（S=1∶60）

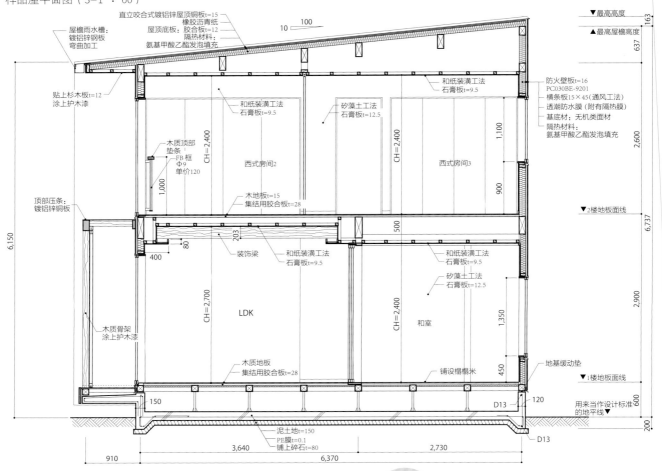

屋檐雨水槽：
镀铝锌钢板
弯曲加工

贴上杉木板t=12
涂上护木漆

直立咬合式镀铝锌屋顶铜板t=15
橡胶沥青纸
屋顶底板t=12
胶合板t=12
隔热材料：
氨基甲酸乙酯发泡填充

10　100

▼最高高度
163
▲最高屋檐高度
637

和纸装潢工法
石膏板t=9.5

防火壁板t=16
PC030BE-9201
横条板15×45(通风工法)
透潮防水膜（附有隔热膜）
基底material：无机类面材
隔热材料：
氨基甲酸乙酯发泡填充

2,600

木质顶部
垫条
FB框
Φ9
单价120

和纸装潢工法
石膏板t=9.5

矽藻土工法
石膏板t=12.5

CH=2,400
西式房间2

西式房间3
CH=2,400

1,100

1,000

顶部压条：
镀铝锌铜板

木地板t=15
集结用胶合板t=28

900

▼2楼地板面线
6,737

203
80
400

装饰梁

和纸装潢工法
石膏板t=9.5

500

和纸装潢工法
石膏板t=9.5

矽藻土工法
石膏板t=12.5

6,150

木质骨架
涂上护木漆

CH=2,700
LDK

和室
CH=2,400

1,350

2,900

木质地板
集结用胶合板t=28

铺设榻榻米

地基缓动垫

450

▼1楼地板面线

150

D13　120

用来当作设计标准
的地平线▼

600

泥土地t=150
PE膜t=0.1
铺上碎石t=80

D13

200

910
3,640
2,730
6,370

样品屋平面图（S=1∶200）

步入式衣橱
厕所
衣橱
衣橱
西式房间3

6,370

西式房间1
衣橱 衣橱
西式间2

910

挑高空间 挑高空间 挑高空间 挑高空间 挑高空间

2楼

此挑高空间大多会
成为阳台

虽然有装设折叠门，但由于许
多家庭都只有一个孩子，所以
许多业主都认为，在因应将来
用途的考量下，不要设置隔间
墙会比较方便。

1,500　9,100

浴室
盥洗室
厕所
壁橱
置物柜
和室
玄关
门廊
壁龛

6,370
910

1楼

由于公司的根基是木材店（建材店），所以可以压低建材与设备的价格。尤其是纯木材，我们能够在难以置信的价格范围内，大量使用木材。虽然地板大多采用杉木，但也会使用柚木等。在建造样品屋时，我们很重视公司所在地所生产的木材，所以使用了杉木。楼梯的踏板也是杉木。

采用纯木材制成的地板与楼梯

地板木材大多采用纯杉木。楼梯所采用的规格大多都是事先裁切好的杉木拼接板。

木造多米诺

家具店所设计的「箱型太阳能空间」

此箱型标准化住宅的目标为 SI 工法（将骨架与装修设备彻底分开的施工法）。
我们与人气室内装潢用品店 kart 合作，依照各个业主的需求来搭配家具与纺织品。

○ 素之家的基本规格

〔结构／面积〕
结构：木造轴组工法 建筑面积：59.62㎡（18 坪）
总建筑面积：106 ㎡（32 坪）
建筑物高度：6.9324m

〔设备〕
厨房：木匠制作
浴室：TOTO 半套式浴室＋铺设日本花柏木板
其他设备：OM 四重功能太阳能系统

〔标准装潢〕
地板：赤松木
天花板：土佐和纸
墙壁：土佐和纸
楼梯：三层式杉木板（木工装潢）
屋顶：镀铝锌钢板
外墙：镀铝锌钢板＋石材风格喷涂工法
门窗隔扇：椴木胶合板平面门

〔性能〕
窗户：铝制隔热窗框＋低辐射双层玻璃
屋顶隔热：酚醛树脂发泡板 90mm 厚
外墙隔热：高性能玻璃棉 16K 105mm 厚
Q 值：1.9
地基隔热：酚醛树脂发泡板 90mm 厚
节能标准：等级 4
耐震等级：等级 3
防火性能：准防火规格

使用了很多以日产木材为首的天然素材。浴室也采用铺设了板材的半套式浴室。

受欢迎的要点 日产木材与空气集热式太阳能系统

在结构材料与地板木材等方面，我们使用了很多日产木材，并打造出高质感的室内装潢。虽然设计方案采用的是开放式空间，但我们会使用空气集热式太阳能系统来当作标准规格，一边降低空调负荷，一边实现温度很均匀的室内环境。

受欢迎的要点 SI 工法的实现

借由「把承重墙聚集在周围，在室内只让一根支柱外露」这种独特的工法来使骨架与装潢设备彻底分开。由于必要时，可以增设隔间墙、门窗隔扇、收纳空间等，所以能够降低初期的建设费用。另外，在家具等室内装潢方面，我们与人气家具店 kart 合作，可以获得关于装潢设备的建议与具体提案。

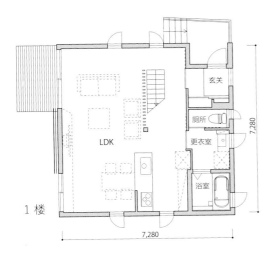

1 楼

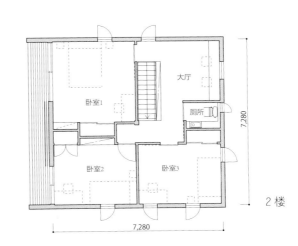

2 楼

把摆放式家具与木工装潢的结构材料嵌入骨架中

将木造的楼梯与收纳柜等制作成产品。人气家具店 kart 也会参与设计。

大墙壁与清爽的天花板

除了南面以外，要把窗户尺寸控制在最低必要限度，并设置大墙壁。由于墙壁会成为背景，所以能够欣赏各种室内装潢的外观。另外，在照明方面，我们会先把轨道灯座装在横架材上，然后再把聚光灯装到灯座上，以避免阻碍室内装潢。

使木工装潢产品化

楼梯与隔间柜等主要的木工装潢会采用标准化的设计，以让木工装潢变成能够嵌入骨架中的产品。

之后再思考装潢设备

由于内部是完整的骨架，所以我们会自然地选择开放式的房间格局。一边观察完成后的箱型空间，一边选择隔间墙、陈设架、摆放式家具等物，以增添住户的个性。照片中的空间是由与相羽建设合作的人气家具店 kart 所设计的。

自由度很高的 2 楼

2 楼的房间是个完全开放的空间，屋主可以依照家庭结构与人生阶段来决定使用方式。孩子独立后，也可将此处当成 一个房间来使用。

也要重视用水处的木工装潢

在浴室的装潢方面，我们会在半套式浴室内贴上日本花柏木板。另外，在厨房内，我们会将「把不锈钢顶板装在椴木芯胶合板制的箱型结构上所制成的简单木工装潢」当成标准设备。

结构既简单又合理的骨架结构

为了透过低预算来实现 SI 工法，我们会在结构上下很多工夫

结构平面图（S=1：120）

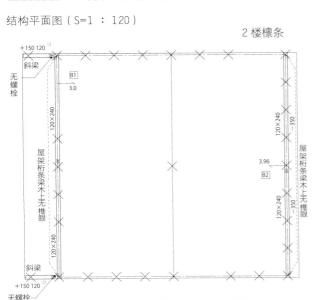

2 楼檩条

屋架梁装潢结构图

多摩地区生产的木材：桁条、横梁
桁条、横梁：杉木 KD 120X ~ 装饰材

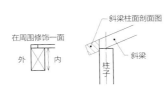

斜梁柱面部剖面图

2 楼屋架

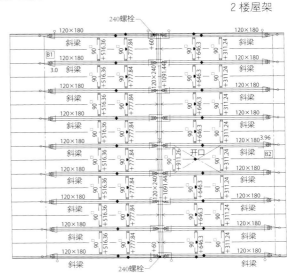

※ 斜梁底部无中间柱榫眼

屋顶：斜度约为 16.7 度、 21.8 度
梁木：花旗松 KD 45×90 单价 455
遮檐板：杉木 KD 21×12Q
博风板：无
斜梁：杉木 KD 120×180 3 面装饰
栋梁：杉木 KD 120×240 3 面装饰
斜梁固定栓：杉木 KD 90 装饰材
※ 屋顶尺寸＝梁木前端的尺寸
※ 山花板部分 将两根梁木组合起来
※ 脊檩 梯形接头
酚醛树脂发泡板专用基底板：装饰胶合板 t=24 加工
屋顶底板：结构用胶合板 t=12 加工

梁木前端尺寸
1,100・355

2 楼地板

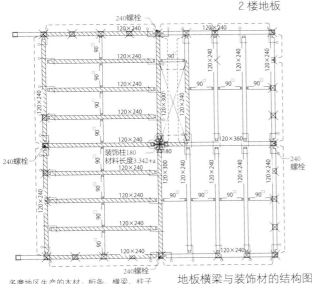

地板横梁与装饰材的结构图

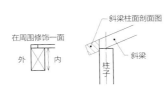

双螺丝隐藏式螺栓

多摩地区生产的木材：桁条、横梁、柱子
外围横梁／／／部分：1 面装饰
内围横梁／／部分：3 面装饰
桁条、横梁：杉木 KD 120× ~
板材的衬板：杉木 KD 90
柱子：杉木 KD 120 （无背面防裂细缝）
装饰柱：杉木 KD 180：（4 面都有细缝）倒角 3mm
2 楼的中间柱：杉木层积材 120×45
（上下端有榫眼）
地板板材：28×910×1820mm（空心）有加工
内部开口：缓动垫结构工法
HD 螺栓（高强度螺栓）：有孔的地方 HDB-15 以上
螺栓：支柱附近 H360、横梁、安装 2 根
※ 在现场安装应栓时，会采用避免螺栓外露的工法
※ 楼梯周围：装饰梁

底部横木

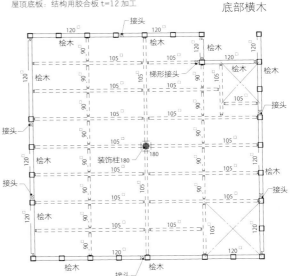

多摩地区生产的木材：底部横木、格栅垫木、柱子
底部横木：桧木 KD 120
格栅垫木：桧木 KD 105
板材的衬板：杉木 KD 90
柱子：杉木 KD 120 （无背面防裂细缝）
装饰柱：杉木 KD 180（4 面都有细缝）倒角 3mm
楼的中间柱：桧木层积材 120×45（上下端有榫眼）
地板板材：28×910×1820mm（空心）有加工
内部开口：缓动垫结构工法
HD 螺栓：底部横木上没有开孔
窗台、门楣榍板：杉木层积材 120×45（1、2 楼皆相同）
竖框：杉木层积材 120×45（1、2 楼皆相同）
胴差：建筑物周围的横架材与位于 2 楼木板的高度

\ 这点很有特色 /

彻底坚持采用 环境负荷较低的材料

我们坚持采用比较不会对环境与人体造成负荷的材料，并在这些材料中，彻底选择透过低预算就能实现的规格。

○ 天然住宅的基本规格

〔结构/面积〕
结构：木造轴组工法
建筑面积：12坪、15坪
总建筑面积：24坪、30坪
建筑物高度：约7m

〔设备〕
厨房：Takara standard（Edel W 2550）
整体浴室：Takara standard
洗手台：
Takara standard（Ondine W750）
马桶：TOTO（Purerest QR）

〔标准装潢〕
地板：烟熏杉木15mm厚
天花板：和纸壁纸
墙壁：和纸壁纸
楼梯：木制（木工装潢）
窗户：铝制窗框＋双层玻璃
屋顶：镀铝锌钢板
外墙：镀铝锌钢板

〔性能〕
屋顶隔热：羊毛隔热材100mm厚
外墙隔热：羊毛隔热材100mm厚
Q值：不明
地板隔热：羊毛隔热材60mm厚
节能标准：相当于1992年的年度基准
耐震等级：等级2以上

使用了很多以日产木材为首的天然素材。浴室也采用铺设了板材的半套式浴室。

平面图（24坪型・S=1：120）

2楼

1楼

便宜 的要点

减少事前会议的 次数与缩短工期

虽然想要采用天然素材的业主在决定规格时会花费许多时间，不过由于我们会把规格数量缩小到数种严选规格，所以在短时间内就能进行到签约阶段。

洽谈窗口 透过网络

许多人会透过Web或展示会、学习会等得知standard-s系列。在进行事前会议前，有许多人会反复做功课。

▼

事前会议次数 约**3**次

由于在学习会等会议中，许多人都能理解住宅的特征，所以会议能够顺利进行。

▼

施工期间 约**4**个月

由于住宅规模较小，且格局容易施工，所以工程本身会进行得很顺利。

大量使用纯度很高的天然素材

在进行装潢时，会透过很讲究的工法来将严选出来的天然素材组合起来。

在天花板部分，会让木板外露，或是采用和纸、壁纸、灰泥工法

天花板的规格会以墙壁为基准，采用纸制壁纸或灰浆之类的灰泥工法。

也很讲究开关部分的素材

在插座面板与开关面板方面，避免使用树脂制品，而是要使用金属制品。在各房间内，会有一处附有接地线。另外，会在各房间内设置空调专用插座。

在地板木材方面，连干燥方法也很讲究

在地板木材方面，除了「透过耗能很低的烟熏干燥法所制成的杉木材」以外，我们也会准备天然干燥的杉木材与阔叶木等来提供业主选购。

在室内墙壁方面，除了壁纸以外，也可选择木板与灰泥工法

在室内墙壁装潢方面，标准规格是在纸浆中加入马尼拉麻等植物纤维而制成的「舒适壁纸」。此外，还有白云石灰泥涂料、使用贝灰制成的灰浆（贝壳灰浆）等灰泥工法的材料、板材、磁砖等丰富选择。

窗户的自由度很高

窗户的标准规格是铝制窗框＋双层玻璃。窗户的种类与尺寸可以变更。也能加装防盗窗、百叶窗、防雨板等设备。

木制门窗隔扇是纯木材制成的原创产品

当业主要求朴素的风格时，我们会在门窗隔扇的矽酸钙板上贴上壁纸（不使用胶合板或木质板材）。

坚持日产木材与手工加工法的结构

在结构中，我们采用栗驹木材公司所生产的低温烟熏干燥杉木材。基本上，不会事先裁切，而是会由木匠在木材上做记号，以手工的方式裁切。

受欢迎的要点 **对于日产木材与专家技能的坚持**

将所有烟熏干燥过的日产木材用手工的方式裁切，并组合起来。不过，还是会使用金属器具等，以确保耐震度能符合建筑基准法。

由市售的搪瓷制产品与天然素材所构成

市售成品采用的是搪瓷制与陶瓷制的产品。对于管线也很讲究。

使用纯木板来制作鞋柜

玄关的墙壁与天花板会贴上和纸壁纸，地板采用烟熏杉木，鞋柜采用纯木材制成。也可以加装吊柜。

厨房为搪瓷制

厨房设备采用的是不含挥发性化学物质的搪瓷制产品。火炉前方的墙壁采用磁砖，地板与客厅一样，都是烟熏杉木。收纳柜等嵌入式家具是选购配备。

洗手台也是搪瓷制

这座洗手台采用的是 Takara standard 公司的搪瓷制产品，此产品几乎不含挥发性化学物质。装潢与起居室相同，并会把腰壁板当成标准规格。

厕所采用附有洗手台的类型

厕所采用的是 TOTO 制的有水箱型一般马桶。周围的装潢材料与起居室相同。另外，浴室内采用了搪瓷板与配备不锈钢浴缸的整体浴室。

受欢迎的要点

连细部都坚持采用低环境负荷的材料

连「基底材等被其他材料覆盖后，就看不见的部分」也会坚持采用所谓的生态材料。

不使用胶合板，而是使用「森林发展者板材※」

活用这种不需使用粘著剂，只需透过竹签来固定的板材。

（※注：使用残余木材与间伐材制成的板材）

看不见的部分也要使用生态材料

在隔热材料与电线等方面，我们也会坚持采用天然素材与非聚氯乙烯类的耐热性聚乙烯缆线等不会对环境造成负荷的材料。

这点很有特色

透过数值来产生说服力的
零耗能住宅

此住宅除了获得了「CASBEE（建筑环境综合性能评价系统）」的最高等级 S 级与「住宅节能标签」中的蓝标，还在「住宅耗能模拟」等测试中呈现出很有说服力的环保性能与节能性。

● ZeroEst 的基本规格

〔结构／面积〕
结构：木造轴组工法
建筑面积：68.19m2（20.62 坪）
总建筑面积 112.85 rrf（34.13 坪）
建筑物高度：8.775m

〔设备〕
厨房：Bb（YAMAHA Livingtec）
浴室：sazana（TOTO）
其他设备：太阳能发电设备（太阳能热水器合并型）、电动车专用室外充电插座、Ecojozu 节能热水器

〔标准装潢〕
地板：桧木（起居室）／聚氯乙烯地板（用水处）／磁砖（玄关）
墙壁：塑胶壁纸
天花板：塑胶壁纸
楼梯：组合式楼梯
屋顶：装饰板岩
外墙：壁板

〔性能〕
窗户：铝材树脂复合型隔热窗框 + 双层玻璃
屋顶隔热：硬质氨基甲酸乙酯发泡板（现场发泡）80mm 厚
外墙隔热：硬质氨基甲酸乙酯发泡板（现场发泡）75mm 厚
地板隔热：挤压成型聚苯乙烯发泡板第 3 型 65mm 厚
Q 值：2.48
节能标准等：无特别之处
防火性能：无特别之处

不愧是大型液化石油气公司的住宅部门，能源类的设备很丰富。「采用桧木地板」这一点也很有特色。

受欢迎的要点　透过太阳能发电 + 太阳能热水器来实现的零耗能住宅

虽然 Q 值很普通，但我们只要将太阳能发电与太阳能热水器结合起来，就能实现零耗能。

● ZeroEst 的零耗能观点（图1）

暖气	冷气	照明	通风	热水供应	家电	烹调	合计
10.8	3.6	9.2	1.4	9.0	13.5	3.5	51.0

制造的能源
太阳能发电
52.7

透过太阳能热水器来减少供应热水时所消耗的能源

消耗的能源　　制造的能源

$$51.0GJ - 52.7GJ = -1.7GJ$$

实现零耗能

设置在屋顶的太阳能板

设置长州产业公司制造的太阳能板

※ 计算 ZeroEst No.3 设计方案的耗能。在计算耗能时，TOKAI 公司会独自针对「自立循环型住宅的设计方针」中被视为评价对象的能源用途进行计算。

受欢迎的要点　有效地活用地区特性来设置窗户，以产生通风作用

在设计窗户的位置时，会活用东海地区的特性，让凉风在夏天夜晚从北侧吹过来。

设置在北侧收纳柜下方的地窗

设置吊柜与用来通风的地窗。

在挑高空间的上方设置高侧窗

为了排出室内热气，所设置可自由开关的高侧窗。

在榻榻米区也要设置地窗

也要在位于 LDK 深处的榻榻米区设置地窗。

由「以白色为基调的空间」与桧木地板所构成的现代自然风格

借由彻底挑选白色建材来实现明亮的现代风格空间。

位于 LDK 深处的榻榻米区与多功能桌

这些与厨房相邻的空间能够用于做家事等多种用途。

明亮的自然风格 LDK

从客厅这边观看餐厅兼厨房。有节疤的桧木与「以白色为基调的简约空间」很搭。

具有收纳功能的玄关空间

在玄关大厅的墙壁内设置很大的收纳空间。依照设计方案，也可设置鞋柜。

平面图（S=1：150）

7,280

10,010

盥洗室
浴室
厕所
收纳空间
悬吊式壁橱
妈妈的空间
食品储藏室
上方为挑高空间
大厅
玄关
LDK

7,280

7,280

2,730

西式房间2
厕所
步入式衣橱
收纳空间
衣橱
衣橱
大厅
挑高空间
主卧室
西式房间1
狭小通道
阳台

以榻榻米空间（妈妈的房间）为首，我们会采用各种对主妇有帮助的设计。

宽敞的阳台空间。由于外侧有格状门窗，所以能够当成半隐私空间来使用。

剖面图（S=1：30）

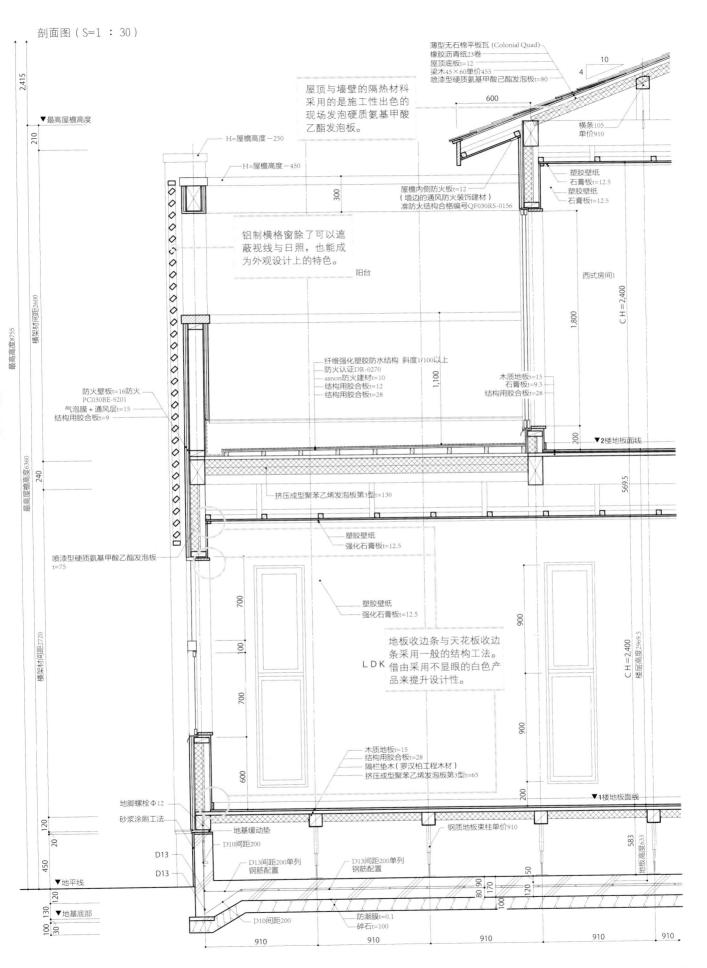

薄型无石棉平板瓦 (Colonial Quad)
橡胶沥青纸23卷
屋顶底板t=12
梁木45×60单价455
喷漆型硬质氨基甲酸己酯发泡板t=80

10
4

600

屋顶与墙壁的隔热材料
采用的是施工性出色的
现场发泡硬质氨基甲酸
乙酯发泡板。

横条105
单价910

塑胶壁纸
石膏板t=12.5
塑胶壁纸
石膏板t=12.5

2,415

▼最高屋檐高度

210

H=屋檐高度－250

H=屋檐高度－450

300

屋檐内侧防火板t=12
（墙边的通风防火装饰建材）
准防火结构合格编号QF030RS-0156

铝制横格窗除了可以遮
蔽视线与日照，也能成
为外观设计上的特色。

阳台

西式房间1

CH=2,400

1,800

最高高度8755

横架材间距2600

纤维强化塑胶防水结构 斜度1/100以上
防火认证DR-0270
asnon防火建材t=10
结构用胶合板t=12
结构用胶合板t=28

1,100

木质地板t=15
石膏板t=9.5
结构用胶合板t=28

防火壁板t=16防火
PC030BE-9201
气泡膜＋通风层t=15
结构用胶合板t=9

200

▼2楼地板面线

最高屋檐高度6360

240

569.5

挤压成型聚苯乙烯发泡板第3型t=130

塑胶壁纸
强化石膏板t=12.5

喷漆型硬质氨基甲酸乙酯发泡板
t=75

700

塑胶壁纸
强化石膏板t=12.5

900

地板收边条与天花板收边
条采用一般的结构工法。
借由采用不显眼的白色产
品来提升设计性。

LDK

CH=2,400

100

横架材间距2720

700

楼层高度2969.5

600

900

木质地板t=15
结构用胶合板t=28
隔栏垫木（罗汉柏工程木材）
挤压成型聚苯乙烯发泡板第3型t=65

200

▼1楼地板面线

地脚螺栓Φ12
砂浆涂刷工法
地基缓动垫
D10间距200

钢质地板束柱单价910

583

地板高度633

120

20

450

D13

D13

D13间距200单列
钢筋配置

D13间距200单列
钢筋配置

50

▼地平线

120

80 90

170

100

120

▼地基底部

D10间距200

防潮膜t=0.1
碎石t=100

100
130
100
30

910
910
910
910
910

透过「积少成多」来取得优势
成本节约术 18 条

能够大幅降低成本的方法是不存在的。
想要降低成本的话，就要透过积少成多来实现。
关于这种「聚沙成塔式」的成本节约术，
我们会介绍菅沼建筑设计公司的部分努力成果。

成本降低效果的标准
★★★（10万日元以上）★★（5～10万日元）★（不满5万日元）
注：由于成本降低的金额会依照比较对象而改变，所以始终只能当做参考。

关于设计的 18 条

1 把平面设计成四方形 ★★★
为了透过刚架结构（以4m建材为基准）来组成木造轴组结构，所以我们在决定建筑物的外部尺寸后，会将其整合成四方形。整理房间格局（住宅的功能），并将其塞进这个四方形空间中。借由「让木造轴组结构变得单纯」来降低木材体积，并同时降低「外墙周长：建筑面积」的比值。

2 把屋顶设计成简单的形状 ★★★
借由让屋顶形状变得简单，就能减轻施工者的负担。这样做同时也有助于减少漏雨的风险。若建筑方案中的屋顶斜度在26.57度以下的话，就不需设置鹰架，在维修方面也会比较有利。

3 掌握剖面详图 ★★★
借由详细地研究剖面详图来避免无谓地提升建筑物整体的高度。以结果来说，内外墙壁的面积会减少，基底材与装潢建材的数量也会减少。想要把内部空间的尺寸控制在最低限度时，必须要注意最粗的排水管线与通风管的路径。

4 用廉价的轴组建材来制作骨架 ★★★
在选择用于轴组结构的建材时，要一边考虑各部位所需的性能，一边选择在当时能买到的便宜建材。本事务所目前采用的规格为，底部横木为阿拉斯加扁柏，柱子为人工干燥杉木材，横梁为人工干燥花旗松木材。等级皆为特一等，即使是外露的木材，也不用进行超精加工，只需使用刨机来修整。

5 让屋主参与施工 ★★★
借由让屋主参与施工来降低成本。在鼓励屋主参与施工时，必须明确地告知可节省的成本。比较容易参与的工程是内部墙壁的装潢。我们大多会建议屋主参与涂装或墙壁粉刷工程。只要选择在居家修缮中心或五金行买得到的材料，就能只购买要使用的量，所以不浪费材料。

6 透过木造装潢工法来制作家具 ★★★
先了解木匠使用的器具与擅长的工法，再设计出木匠能合理地制作出来的嵌入式家具。基本上，家具会采用「摆放式家具」。

7 避免采用特殊工法 ★★
借由采用一般工法来减轻工匠与管理者的负担。通用性工法的优点在于，即使经过很多年，修缮工作还是很容易。透过成本是无法估算这一点的。

8 避免采用特殊材料 ★★
使用普通材料时，即使材料不够，也能立刻补充。由于不需为了保险起见而多订购材料，所以不会造成浪费。

9 积极地利用纯木材 ★★
在某些部位，我们可以透过采用现成的装潢建材来减轻现场施工者的负担。不过，纯木材的加工自由度比较好。不能光靠现成的建材，也要考虑「先让木匠对纯木材加工，再用于装潢」的方法。不要坚持使用「装潢建材」这种等级的材料，我们可以借由帮「基底材」加工来节省材料费用。

10 屋檐前端、山型屋顶边缘的设计 ★★
透过钣金工法来包覆在设计上会发挥重要作用的博风板、遮檐板（除了将其视为防火结构的情况以外）。采用金属板屋顶时，可以借由与屋顶工程一起施工来降低施工费用，而且也有助于维护工作。

11 在照明规划上下功夫 ★
在宽敞的起居室等处，可以透过安装轨道灯座来减少线路数量。借由这样做，就能把照明器具的数量交给屋主来决定。这种设计也能弹性地因应房间的使用方式。

12 地板建材的统一 ★
透过「统一地板建材」与「铺设尺寸不一的地板」来减少材料的浪费。若有胶合板衬板的话，无论在何处，U型钉都能发挥作用。

13 节省通信线路 ★
网络连线环境正在朝无线的方向进化。我们已经进入「应避免设置多余网络线路／管线」的时代。对于如同本事务所那样的乡下设计事务所或工务店而言，「是否能采用4G、LTE通信」这一点会成为「是否要铺设通信线路」的分水岭。

关于施工的 5 条

14 效率良好的工程管理 ★★★
只要决定施工顺序，并一次结束若干项工作的话，就能减轻施工现场的工作量。以结果来说，这样做有助于防止施工费用增加。如果负责人判断这样做可以提升施工效率的话，也可以先从外部结构工程着手。

15 临时搭建结构的再利用 ★★
可回收再利用的临时搭建结构可使用很多次。保护板之类的材料至少能用于3个施工现场。垃圾袋只要没破，就能重复使用。毕竟我们希望工匠也能感受到总承包商的这种态度。

16 收拾垃圾 ★★
在施工现场，垃圾要彻底分类。重点在于，一开始就要把不同类的垃圾分开放（以省去之后再分类的工夫）。总承包商要自己将分类好的工业废弃物带到中间处理厂（不过，需要签约）。如此一来，处理费用就会减少。

17 不会造成浪费的材料订购方式 ★
在订购「石膏板那类数量多且难以保管的材料」时，必须尽量设法让数量不要「多出来」。我们只要分成两次向建材行订购，就完全不会造成浪费。即使材料有多出来，只要多出来的数量在1～2片以内的话，就算是成功。

18 金属结构零件的指示 ★
为了「减少金属结构零件的种类」与「避免工匠装上必要金属零件以外的零件」，我们要向工匠下达指示。如果没有下达指示的话，工匠就可能会装上超出必要程度的零件。

预算吃紧的住宅的基本理论

在预算较严苛的方案中，要如何维持设计上的品质呢？
以下要介绍的是，对于低预算住宅也会采取积极态度的建筑设计事务所「Freedom」所使用的方法。

透过门窗隔扇等来遮住现成家具

由于玄关不需要深度，所以会采用较宽的设计。玄关可放置很多鞋子，评价很好。可以把在 IKEA、宜得利购买的便宜家具收在大型收纳柜的门背后，以降低成本（左图、中图）。另外，设置高度约 1200mm 的隔断也能有效地遮住厨房系统柜。

方法1 透过白色的室内装潢与大型门窗隔扇来调整预算

预算吃紧时，就采用「白色极简风格的空间」与「无装潢设计」。透过大型门窗隔扇来遮住现成的收纳柜等。

预算不多时，就采用白色的室内装潢

预算不多时，基本上会采用白色极简风格。家具与物品会变得很显眼，成为空间中的特色。左上图与左下图的 LDK 和上图的走廊都属于同一个案例，除了地板以外，连嵌入式家具也被整合成白色。右上图是另外一个案例，盥洗室全采用白色设计。台面一体成型的洗手台等处不需装潢，而且美观，价格也比较低。

把阳台与停车场融入骨架中，使骨架变得鲜明

把阳台与停车场融入住宅，使其成为骨架的一部分。如此一来，没有墙壁的部分看起来就会如同被挖通一般，使容易流于单调的低预算住宅呈现出鲜明的造型。

透过阳台来增添木材质感

使用壁板来进行装潢时，要尽量采用风格朴素的建材。不过，若只有那样的话，就会变得过于枯燥乏味，因此我们会透过阳台的扶手墙等来增添木材质感。

独立窗户与喷涂工法很搭

由于喷涂工法能使「装潢建材的预制组件」形象化，所以跟「随意配置独立窗户的设计」很搭。

分别涂上黑色与白色

采用喷涂等工法来上色时，由于没有接缝，所以适合用于呈现厚实感。有设置厢房时，只要分别将其涂成白色与黑色之类的对比色，就能轻易地比较两者的厚实感。

方法 2 **透过窗户与阳台来为建筑物正面增添变**

低成本的选项为镀铝锌铜板、喷涂工法、壁板。
借由多下一番功夫来一口气改善外观。

正视图（S=1：250）

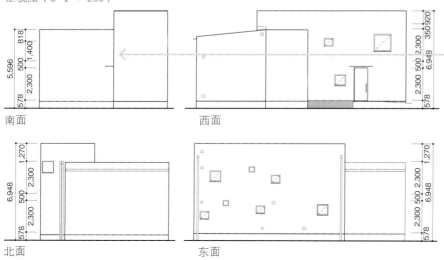

南面   西面

北面   东面

把没有窗户的那面当作建筑物正面

窗户的配置会大幅影响外观的设计。窗户愈少，外观就会愈简洁干净，所以要在建筑物正面以外的地方设置充足的窗户。

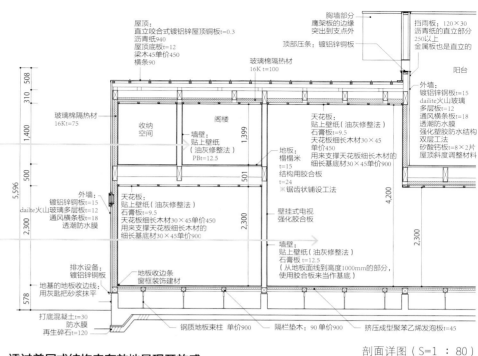

屋顶：
直立咬合式镀铝锌屋顶铜板t=0.3
沥青纸940
屋顶底纸t=12
梁木45单价450
横条90

玻璃棉隔热材
16K t=100

胸墙部分
鹰架板的边缘
突出到支点外

顶部压板：镀铝锌铜板

挡雨板：120×30
沥青纸的直立部分
250以上
金属板也是直立的

阳台

玻璃棉隔热材
16Kt=75

收纳
空间

阁楼

墙壁：
贴上壁纸
（油灰修整法）
PBt=12.5

天花板：
贴上壁纸（油灰修整法）
石膏板 t=9.5
天花板细长木材30×45
单价450
用来支撑天花板细长木材的
细长基底材30×45单价900

外墙
镀铝锌钢板t=15
dailite火山玻璃
多层板t=12
通风横条板t=18
透潮防水膜
强化塑胶防水结构
双层工法
矽酸钙板t=8×2片
屋顶斜度调整材料

外墙
镀铝锌铜板t=15
dailte火山玻璃多层板t=12
通风横条板t=18
透潮防水膜

地板：
榻榻米
t=15
结构用胶合板
t=24
※锯齿状铺设工法

天花板：
贴上壁纸（油灰修整法）
石膏板t=9.5
天花板细长木材30×45单价450
用来支撑天花板细长木材的
细长基底材30×45单价900

壁挂式电视
强化胶合板

墙壁：
贴上壁纸（油灰修整法）
石膏板t=12.5
（从地板面线到高度1000mm的部分，
使用胶合板来当作基底）

排水设备：
镀铝锌铜板

地板收边条
窗框装饰建材

地基的地板收边线：
用灰匙把砂浆抹平

打底混凝土t=30
防水膜
再生碎石t=120

钢质地板束柱 单价900

隔栏垫木：90 单价900

挤压成型聚苯乙烯发泡板t=45

剖面详图（S=1：80）

透过差层式结构来有效地呈现开放感

在设计低预算住宅时，首先要减少建筑面积。在小房子内，透过差层式结构可以有效地减少狭小感。这是因为，这样做可以一边确保建筑面积，一边打造出充满开放感的挑高空间。在上图的实例中，我们透过差层式结构来确保天花板高度超过3m。下图则是为了降低楼层高度而设置的和室阁楼。

方法3

透过差层式结构与大阳台来使空间变得宽敞

在预算吃紧的住宅中，空间会变小。我们可以透过差层式结构来提升天花板高度，
或是使其与大阳台相连，以打造出开放视野。

1 楼平面图（S=1：150）

透过一室格局化来减少门窗隔扇，并将房间与大阳台相连

借由采用一室格局来抑制住宅的尺寸，即使LDK较小，也不易产生压迫感。由于这样做也能节省门窗隔扇与隔间墙的费用，所以可说是一石二鸟。借由让房间与大阳台等半外部空间相连，也能有效地降低狭小感。

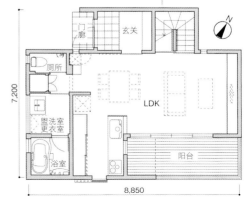

图书在版编目（CIP）数据

住宅设计解剖书. 靓屋设计必胜法 ／ 日本 X-Knowledge 编；凤凰空间译. —— 南京：江苏凤凰科学技术出版社，2015.5
ISBN 978-7-5537-4313-4

Ⅰ．①住… Ⅱ．①日… ②凤… Ⅲ．①住宅－室内装饰设计－日本 Ⅳ．① TU241

中国版本图书馆 CIP 数据核字 (2015) 第 065853 号

江苏省版权局著作权合同登记章字：10-2015-057 号
SENSE WO MIGAKU JYUTAKU DESIGN NO RULE 2
© X-Knowledge Co., Ltd. 2013
Originally published in Japan in 2013 by X-Knowledge Co., Ltd. TOKYO,
Chinese (in simplified character only) translation rights arranged with
X-Knowledge Co., Ltd. TOKYO,
through Tuttle-Mori Agency, Inc. TOKYO.

住宅设计解剖书　靓屋设计必胜法

编　　　者	（日）X-Knowledge
译　　　者	凤凰空间
项 目 策 划	凤凰空间/陈　景
责 任 编 辑	刘屹立
特 约 编 辑	陈　景

出 版 发 行	凤凰出版传媒股份有限公司
	江苏凤凰科学技术出版社
出版社地址	南京市湖南路1号A楼，邮编：210009
出版社网址	http://www.pspress.cn
总 经 销	天津凤凰空间文化传媒有限公司
总经销网址	http://www.ifengspace.cn
经　　　销	全国新华书店
印　　　刷	天津市银博印刷集团有限公司

开　　　本	889 mm×1 194 mm　1／16
印　　　张	10
字　　　数	128 000
版　　　次	2015年5月第1版
印　　　次	2015年5月第1次印刷

标 准 书 号	ISBN 978-7-5537-4313-4
定　　　价	59.00元

图书如有印装质量问题，可随时向销售部调换（电话：022-87893668）。